《基于GIS的宁夏地下水资源环境信息系统建设》编委会

主 编

孟旭晨　孙玉芳

编 委

贾　丹　李洪波　柳　青　唐　菲　杨占利　朱　薇

陈　青　徐映雪　翟彩霞　杨乐沛　刘　宇　时艳茹

JIYU GIS DE NINGXIA DIXIASHUI ZIYUAN
HUANJING XINXI XITONG JIANSHE

基于GIS的宁夏地下水资源环境信息系统建设

孟旭晨　孙玉芳 / 主编

黄河出版传媒集团
阳　光　出　版　社

图书在版编目（CIP）数据

基于GIS的宁夏地下水资源环境信息系统建设 / 孟旭晨, 孙玉芳主编. -- 银川 : 阳光出版社, 2022.12
ISBN 978-7-5525-6656-7

Ⅰ. ①基… Ⅱ. ①孟… ②孙… Ⅲ. ①地下水资源－水资源管理－管理信息系统－研究－宁夏 Ⅳ. ①P641.8-39

中国国家版本馆CIP数据核字(2023)第000266号

基于GIS的宁夏地下水资源环境信息系统建设

孟旭晨 孙玉芳 主编

责任编辑 胡 鹏
封面设计 晨 皓
责任印制 岳建宁

黄河出版传媒集团 阳光出版社 出版发行

出 版 人 薛文斌
地 址 宁夏银川市北京东路139号出版大厦（750001）
网 址 http: //www.ygchbs.com
网上书店 http: //shop129132959.taobao.com
电子信箱 yangguangchubanshe@163.com
邮购电话 0951-5047283
经 销 全国新华书店
印刷装订 宁夏凤鸣彩印广告有限公司
印刷委托书号 （宁）0025785

开 本 880 mm × 1230 mm 1/32
印 张 3
字 数 90千字
版 次 2023年6月第1版
印 次 2023年6月第1次印刷
书 号 ISBN 978-7-5525-6656-7
定 价 98.00元

宁夏水文地质环境地质勘察创新团队简介

“宁夏水文地质环境地质勘察创新团队”（以下简称“团队”），是由宁夏回族自治区人民政府于2014年8月2日批准成立。专业从事水文地质调查、供水勘察示范、环境地质调查、地质灾害调查、地热资源勘察、矿山环境治理等领域研究，通过不断加强科技创新能力建设，广泛开展政产学研用结合，攻坚克难，在勘察找水、水资源评价、生态环境调查评价与环境评估治理等方面取得了一系列重大成果。团队集中了宁夏地质局系统60余位水工环地质领域科技骨干，依托地质局院士工作站、博士后科研工作站、中国地质大学（北京、武汉）产学研基地以及“五大业务中心”等科研平台，结合物化探、实验检测、高分遥感测绘等新技术新方法，较系统地开展了区内外水文地质环境地质勘察领域科技攻关，累计承担国家和宁夏回族自治区各类科技攻关项目30项，获得国家和宁夏回族自治区各类奖励8项，发表科技论文126篇，出版专著8部。经过几年来的努力发展，团队建设日益完善，已形成以团队带头人为核心，以专家为指导，以水工环地质领军人才为主体的综合优秀团队，引领宁夏回族自治区水文地质环境地质工作健康蓬勃发展，持续为宁夏回族自治区民生建设、生态环境建设、城市及重大工程建设、防灾减灾，环境治理与保护提供着有力的科技支撑与资源保障。

前 言

银川平原地处宁夏北部沿黄生态经济带，西北内陆黄河中上游地区，属干旱半干旱地带，是宁夏经济社会发展的核心区域，也是我国生态安全战略屏障重要组成部分。地下水作为重要的供水水源、生态因子和环境因子，建立地下水资源环境信息系统，为水资源的合理配置、优化调度与实时监控奠定了基础，为利用信息手段实现水资源的科学管理和合理配置搭建了平台，为实现数据共享、服务政府决策和满足社会公众对地下水资源日益提高的关注提供了渠道，是宁夏地下水资源环境信息化建设道路上的一个重大突破。

本书是研究基于 GIS 的银川平原地下水资源环境信息系统建设的一部专著，是编者对所承担的宁夏水文环境地质调查院自筹项目“宁夏地下水资源环境信息系统建设”、宁夏自然科学基金项目（2020AAC03460）在这一领域的研发成果的总结。主要包括区域背景概述，系统环境介绍、系统功能应用等，对实现宁夏地下水的科学管理，确保水资源合理优化配置，保障生态环境健康发展具有一定意义。

全书共六个章节，第 1 章绪论由孟旭晨和孙玉芳编写；第 2 章研究概况由柳青和徐映雪编写；第 3 章数据库建设由贾丹、李洪波和孟旭晨编写；第 4 章系统环境由杨占利和陈青编写；第 5 章系统功能应用由孟旭晨、孙玉芳和杨乐沛编写；第 6 章结论由孟旭晨和孙玉芳编写。系统建设所需水文地质资料由贾丹、李洪波、柳青、唐菲及朱薇负责录入，地下水资源信息系统建设整体开发由徐映雪统筹，翟彩霞、刘宇和时艳茹负责具体功能开发。本书统稿工作由孟旭晨和柳青负责。

本书在撰写过程中受到来自“宁夏水文地质环境地质勘查创新团队”的指导，依托宁夏地下水资源环境信息系统建设（宁水环［2019］06）成果，由宁夏自然科学基金项目（2020AAC03460）资助完成。

编者

2022 年 3 月

目 录

第1章 绪 论

2016年7月，习近平总书记来宁夏视察时指出，宁夏作为西北地区重要的生态安全屏障，承担着维护西北乃至全国生态安全的重要使命，并明确提出要建设天蓝、地绿、水美的美丽宁夏。

地下水作为重要的生态环境因子，是植被生长、湿地保存、人民生活的重要支撑要素，做好水的管理工作对于支撑生态文明建设具有重要作用，建立地下水资源环境信息系统，实现地下水的科学管理才能确保水资源合理优化配置，保障生态环境健康发展。

GIS最早应用可追溯至二十世纪六十年代的加拿大，当时主要应用在城市和土地方面，之后才慢慢向其他领域延伸。发达国家对水资源的管理非常重视，他们大部分都建立了适合本国水资源现状的信息管理系统，这些系统运用大型地理信息系统软件把空间和属性数据存储到空间数据库，依靠GIS强大的空间分析功能对水资源进行管理，通过GIS技术管理已经在水资源领域开发了一些成熟的软件系统，比如英国的WaterVare系统、加拿大的RAISON系统、荷兰的Delft水利研究所开发的SOBEK和HYMOS软件等，以上这些软件已集成不少资源方面的数学模型。另外还有一些地下水模拟或水环境模拟的专业软件工具，如美国地质调查局开发的 MODFLOW、加拿大 Waterloo 水文地质公司的 FEFLOW、美国环境模型研究实验室的地下水模拟系统 GMS（groundwater modeling system）、澳大利亚 Watermark Computing 公司的 PEST 等，其中 MODFLOW 是地下水数值模拟中使用率最高的软件。

目前，我国正在大力推进大数据发展应用，如中国农业大学中国农业水问题研究中心的刘杰用可视化编程语言 Visual Basic 研发了石羊河流域水资源管理信息系统，该系统对研究区流域的相关信息和实验数据进行了收集、存储和管理，使该水资源管理工作进一步规范化，有效地提高了流域水资源管理效率；武强等人研究开发了以 Mapinfo 为平台的塔里木盆地地下水资源管理系统；张伟红，赵勇胜等开发了基于 ArcGIS Engine 和 VB.NET 的地下水资源及其地质环境信息系统，实现了空间数据分析、图文双向查询、图表自动生成、多媒体链接及数据库管理等多种功能；首都师范大学喻孟良使用 MapObjects+AD0+VB 研制的地下水信息管理与分析系统，可对地下水资源信息进行存储、管理、检索、更新、分析与评价；刘明柱等建立的哈尔滨市水资源管理系统实现了地下水变化特征和可视化展示；丛方杰、王国利等研制了基于 GIS 组件技术的地下水资源管理系统等。为促进中国数字经济加快发展，中国地调局已经将信息化工作作为重点工作之一，明确提出信息化工作将重点加强其应用效果与服务能力，建实地质大数据管理与服务体系，推进地质调查在线化与智能化工作模式。同时宁夏也在努力推进智慧城市，信息化建设必不可少。

宁夏回族自治区水文环境地质调查院（以下简称“宁夏水环院”）自 2019 年启动了“宁夏地下水资源环境信息系统建设”项目，项目以地下水资源环境调查和评价业务为出发点，积极响应“局级平台院级库”的规划要求，整合宁夏回族自治区全区的地下水资源环境信息，建设地下水资源环境信息系统，并进行配套的机房和展示环境建设。在此项目基础上，宁夏水环院又于2020年申请了宁夏自然科学基金项目进行“银川都市圈地下水资源环境共享平台”的研究，完成宁夏地下水资源信息的共享，完成基于GIS的地下水资源整合、分析、评价等功能的研究。为水资源的合理配置、优化调度与实时监控奠定了基础，为利用信息手段实现水资源的科学管理和合理配置搭建了平台，为实现数据共享、助力政府决策和满足社会公众对地下水资源日益提高的关注提供了渠道，是宁夏地下水资源环境信息化建设道路上的一个重大突破。

第2章　研究概况

2.1　研究区概况

2.1.1　人文地理

宁夏回族自治区位于我国西北地区东部，黄河中上游，与内蒙古自治区、甘肃省、陕西省毗邻，地理坐标为东经104°17′~107°39′，北纬35°14′~39°23′，面积为6.64万km^2，包括银川市、石嘴山市、吴忠市、中卫市和固原市五个地级市。

气候条件方面，宁夏属于较典型的大陆性气候。冬寒漫长，夏日短，少酷暑，日照充足，干旱少雨，风大沙多。据宁夏各气象站多年气象资料统计及宁夏气象公报数据显示（图2-1），全区年平均气温5.3~9.9℃，呈北高南低分布，极端高温39.3℃，极端低温-30.6℃。宁夏年平均降水量166.9~647.3 mm，南多北少，差异明显，且大都集中在夏季。北部银川平原200 mm左右，中部盐池同心一带300 mm左右，南部固原市大部分地区400 mm左右，六盘山区可达647.3 mm。宁夏春冬季多风，主要风向为西北风和北风，年平均风速1.74~4.3 m/s，定时最大风速34 m/s，大风之日多伴沙暴。

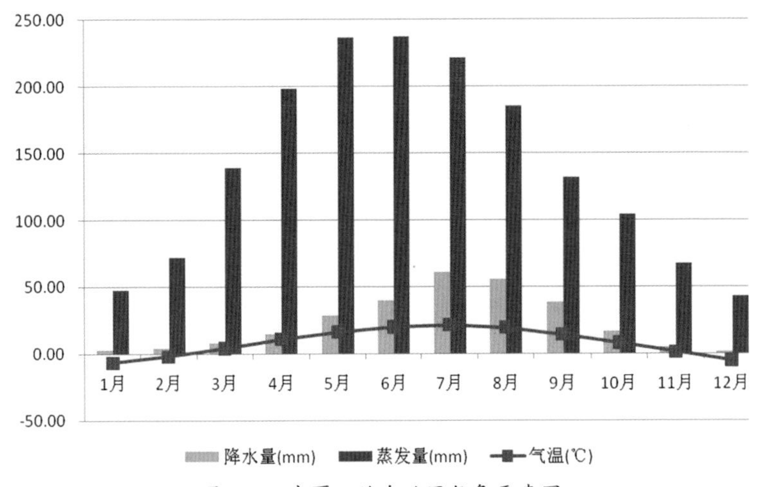

图 2-1　宁夏回族自治区气象要素图

2.1.2　地势地貌

宁夏地处中国地形第二阶梯上，受地质构造和区域应力场的控制，地貌格局以北西走向的牛首山—青龙山断裂为界，呈现明显的南北差异。

断裂以北，贺兰山山地、银川平原、陶灵盐台地自西而东依次排列，平行展布，组成带状地貌格局，山地、平原、台地之间以拉张型或张扭型断裂为界。断裂以南，北面是东西走向的卫宁北山，东面是由罗山、青龙山、窑山、云雾山组成的南北向山地，在它们所围限的宁夏南部广大地区，展布着三列弧形断块山地和两列断陷平原（盆地）：由北东向南西，第一列弧形山地包括烟筒山、窑山、泉眼山和卫宁北山南缘山地，第二列弧形山地包括清水河西侧山地和香山山地，第三列弧形山地包括月亮山、南华山、西华山；一、二列弧形山地之间为中卫冲积平原（卫宁冲积平原西部）和清水河冲积平原，二、三列弧形山地之间镶嵌兴仁洪积平原和西安州洪积平原。弧形山地两麓边界为挤压型或张扭型断裂。

三列弧形山地在东南汇聚于六盘山，向北西散开。弧形山地与其间的平原组成弧形地貌格局。弧形山地与外围界山（卫宁北山、牛首山、罗山、青龙山、云雾山）之间分布着中宁冲积平原（卫宁冲积平原东部）、红寺堡洪积平原、韦州冲洪积平原。因而，在宁夏中部呈现出山地与平原相间分布的地貌格局。

在《中国地貌区划略图》上，宁夏一级地貌单元位于西北山地、盆地和中部高原区，二级地貌单元位于黄土高原及华北中、低山区西部，宁夏基本地貌形态类型包括山地、丘陵、台地、平原（盆地）和沙漠。

2.1.3 水文地质条件

宁夏处于多构造体系的复合交织部位，在漫长的地质历史时期，历经多次构造运动，特别是晚近期的构造运动，控制了宁夏现今的地貌格局，这种格局在某种程度上控制着储水构造，由构造和地貌制约着区域储水体的构成和展布，但是，影响地下水储存条件的主要因素是新生代地质。这些构造体系所控制的中新生代断陷盆地，是宁夏地下水富集带，具有重要的水文地质意义。其中，基岩山地储水带主要包括基岩山地风化裂隙储水带、块状岩系裂隙储水带、层状岩系层间裂隙储水带和碳酸盐岩类裂隙岩溶储水带；中、新生代储水盆地则主要包括白垩系储水盆地、古近系、新近系储水盆地以及第四系储水盆地。

全区分布较广的含水岩组有四种基本类型，即松散岩类孔隙含水岩组、碎屑岩类孔隙裂隙含水岩组、基岩裂隙含水岩组、碳酸盐岩裂隙岩溶含水岩组。

松散岩类孔隙含水岩组主要是指埋藏于第四系松散覆盖层中的

水，其特点是分布广、埋藏浅、开采方便，是最具供水意义的地下水。主要分布于银川平原、卫宁平原、清水河河谷平原、葫芦河河谷平原，其次在山麓地带和宁南黄土丘陵中的盆洼地中也有广泛分布。银川平原、卫宁平原含水层厚度巨大，又有灌溉水源的补给，水量丰富，水质好，是宁夏工业的主要供水水源。清水河河谷平原及其宁南黄土丘陵中的盆洼地地下水是农林牧业主要的供水水源。

碎屑岩类孔隙裂隙含水岩组主要包括第三系、白垩系、前白垩系裂隙孔隙层间水。第三系裂隙孔隙层间水的主要特点是含水岩组厚度大、分布广、水质差、水量小。在宁夏南部常构成大型的储水盆地，在宁夏北部主要分布在第四系储水盆地周边，在地貌上常表现为山前台地。含水岩组主要由泥质岩类组成，富含膏盐，一般富水性弱，水质差。全区苦咸水的形成与分布一般多与该地层含盐有关，所以第三系含水岩组基本没有供水意义，仅在与分布淡水山区邻近的盆缘才蕴有供水意义的淡水或微咸水。白垩系含水岩组主要分布于盐池县、彭阳县。为陕甘宁内蒙古白垩系自流水盆地的西缘部分，区内表现为一大型向斜构造盆地，含水岩组岩性为砂岩、泥质砂岩和砾岩，以微咸水为主。

碳酸盐岩类裂隙岩溶水主要由下古生界寒武系、奥陶系与震旦亚界的碳酸盐岩夹碎屑岩组成。分布范围不大，具有水量大、水质好、埋藏深、露头少的特点。含水岩组富水性极不均一，主要受岩性与构造的控制，一般断裂破碎带、岩溶发育的地段富水性较好。主要分布在贺兰山中段，牛首山卡子庙—庙山湖、青龙山和南北古脊梁一带，该含水岩组主要岩性为元古界、古生界灰岩、白云质灰岩、硅质灰岩、白云岩，岩溶现象比较普遍，溶蚀裂隙比较发育，有些地段见有溶洞。这些地区地表水体缺乏、地下水露头极少，属严重的缺水地区。但经近年的探索研究发现，全区有太阳泉泉域、郑家泉泉域、六盘山东麓泉域、庙山湖泉域等岩溶泉域的存在，为在这些缺水山区找水提供了重要的水文地质依据。

基岩裂隙含水岩组是指赋存于山区基岩裂隙中的地下水。其基本特点是接受大气降水的直接渗入补给，分布极不均匀，径流途径短，常于沟谷转化为第四系潜水或地表径流，水质好。含水岩组主要由古生界碎屑岩、浅变质岩与震旦亚界碎屑岩及前震旦亚界变质岩组成。该含水岩组主要分布于贺兰山、香山、卫宁北山、牛首山、烟筒山、罗山、六盘山、月亮山、南西华山等基岩山地，主要为强风化带裂隙水，局部为断裂裂隙脉状水，富水性较弱。

区内地下水的补径排条件受地质、构造、地貌条件的控制，从区域上看，山区属地下水的补给区，山前地带属地下水径流区，平原、坳谷、洼地为地下水的排泄区。大气降水是基岩山区地下水唯一的补给来源，大气降水经短距离径流，常汇集于沟谷中流出。银川平原、卫宁平原地下水除了大气降水补给外，还有山前洪水散失渗入补给，侧向径流补给，渠系田间灌溉入渗补给。银川平原、卫宁平原渠系、田间灌溉入渗补给使地下水具有丰富的补给来源，地下水资源一部分经过短距离径流后，排泄于排水沟中，部分靠蒸发和人工开采排泄。广大丘陵山区大气降水入渗补给是地下水唯一的补给来源，因而天然资源受降水量影响，呈现由南而北递减的规律。在宁夏南部黄土丘陵区，切割强烈，地形破碎，集中于 7、8、9 月雨季的降水量以山洪的形式，沿洪水沟道排泄，水土流失严重，使其补给量微弱，这些地区地下水位埋深一般在十几米以上，有的达数十米，因而地下水仅靠切穿含水层的沟谷来排泄。黄土丘陵中的坳谷洼地，除了接受大气降水的补给外，还接受周边山区的侧向补给，因而部分地区补给源比较充沛，水量丰富。这些地段地下水埋藏较浅，受蒸发影响明显，因而在洼地中地下水化学成分具明显的分带性，在洼地中央最低处往往有盐水湖或咸滩分布。灵盐台地区，虽降水少，但其地表形态波状起伏，一般降水不形成远距离山洪径流而汇集于小规模的潜水洼地中，并使地下水具有较丰富的补给，这些地段往往成为小型供水水源。中卫西北沙漠区和盐池哈巴湖一带等地段，上部有活动沙丘覆盖，由于受温差影响，形成一定数量的凝结水补给而形成局部地段的沙漠潜水。

地下水水化学特征方面，从区域上看，潜水水化学成分在水平方向上有明显的分带性，在基岩山区与山麓洪积扇地带水交替积极，潜水水化学作用以溶滤作用占优势，水化学类型以溶解性总固体小于 1 g/L 的重碳酸或重碳酸—硫酸盐型水为主。平原区水交替缓慢，潜水排泄以蒸发为主，潜水水化学作用以浓缩占优势，水化学类型较为复杂。在平原边缘水化学类型为溶解性总固体 1~2 g/L 的硫酸—氯化物水，在平原中部水化学类型以溶解性总固体 2~5 g/L 的硫酸—氯化物和氯化物—硫酸盐水为主。山间洼地或盆地处于汇水中心，潜水径流滞缓或基本处于停滞状态，蒸发是潜水主要的排泄方式，从而使潜水高矿化以至浓缩，溶解性总固体高达几十克/升。水化学成分除受地貌影响外，还与气候因素有关，大致以南西华山、炭山一线为界，此线以南地区年降水量大于 400 mm，潜水水化学类型多以溶解性总固体小于 1 g/L 或 1~2 g/L 的重碳酸—硫酸盐型水或硫酸—重碳酸盐型水为主。此线以北降水量向北减少，潜水水化学类型多为溶解性总固体 2~5 g/L 或 5~10 g/L 的硫酸—氯化物或氯化物—硫酸盐型水。在盐池地区的坳谷潜水和中卫西部腾格里沙漠边缘的沙漠凝结水，多为溶解性总固体小于 1g/L 的重碳酸—硫酸盐型水。宁夏的第三系由于富含石膏，地下水普遍较差，除山前径流条件比较好的地段外，其余均为溶解性总固体 2~5 g/L 或 5~10 g/L 的硫酸—氯化物或氯化物—硫酸盐型水。承压水水化学成分则受地质条件、沉积环境控制，岩层中可溶盐含量越低，地下水径流条件越好，水质就好，反之就差。区内第三系为湖盆相沉积，岩层中富含石膏和易溶盐类，地下水水质普遍较差，多为溶解性总固体 2~5 g/L 或 5~10 g/L 的硫酸—氯化物型水。但在湖盆边缘近山地带地下水径流条件好，岩层中含盐量相对较低，水化学类型为溶解性总固体小于 1 g/L 或 1~2 g/L 的重碳酸—硫酸盐型水。一般情况下，水化学在垂直方向上，浅部水质较好，下部水质较差，深度越大，水质越不好，表现为正常的水化学垂直分带规律。在银川平原内，第四系承压水由南向北，水质由好变差，在平罗县以北溶解性总固体大于 1 g/L，水化学类型由南向北由重碳酸—氯化物型水过渡为硫酸—氯化物型水。

2.2 系统建设概况

2.2.1 建设意义

1. 地下水资源环境信息系统的建设，为水资源的合理配置、优化调度与实时监控奠定了基础。

水资源作为一种对人类生存至关重要的资源，越来越成为人们关注的焦点，随着水资源紧缺和水资源污染问题的日益突出，人们都普遍认识到只有加强对水资源的管理，实现水资源的高效利用和科学配置，才是正确的发展方向。水资源问题已成为影响我国经济社会进一步发展的严重制约因素，加强水资源管理已成为自然资源管理的一项基本任务。发达国家的地下水管理部门都相应建立了先进的实时监测、管理系统，并建立了水资源数据库和信息系统，实现了信息共享，对水这种特殊资源基本达到了优化配置，有效地提高了水资源的合理利用水平，极大地保护了水资源，为社会经济的可持续发展提供了强有力的保证。实现水资源优化配置和水资源可持续利用是做好水资源工作的根本目标和任务。加快地下水资源管理工作的现代化、信息化建设，是当务之急。地下水是水资源的重要组成部分，在我国北方地区及许多城市，地下水是重要的供水水源，对当地的社会经济发展起着十分重要的作用。地下水和地表水同源于降水，三者相互转换，联系紧密，从水资源的整体来看，它们是不可分割的统一体，要将三者进行综合规划。“地下水资源环境信息系统”是“水资源综合规划”的重要组成部分，是为完成“水资源综合规划”服务的技术保障系统，同时也是水资源的合理配置、优化调度与实时监控的需要。

2. 地下水资源环境信息系统的建设，为利用信息手段实现水资源的科学管理和合理配置搭建了平台。

在信息时代的今天，为了更好地适应传统地质工作向现代地质工作转变的趋势，基于大数据的“地质云”应运而生。在水文地质领域，数据库被广泛应用于钻孔资料、抽水试验数据等信息的管理，在北京、山西、河北等地已经初步建立了用于地下水资源环境信息管理的系统平台，而宁夏由于种种原因目前仍未有一个比较系统的水文地质信息管理软件。为了更好地管理以往积累的大量水文地质数据资料，实现分析计算、向社会发布水文地质信息、为政府提供决策依据，需要开发一套完整的、可视化的地下水资源环境信息管理系统，建设可以集地下水数据信息管理、查询、分析计算、图形绘制、地质科普、信息发布为一体的有效信息系统平台，也为实现地下水资源信息集成、科学管理和地下水资源优化调度、提高地下水资源科学管理与决策水平提供一个良好的基础信息平台。该系统不仅为水文地质工作者开展工作快速获取相关数据提供方便，还为主管部门的决策提供了方便，也为水文地质数据的共享奠定基础。地下水信息管理系统的开发和应用，将为实现地下水资源的动态监测、地下水资源的调查和评价、地下水资源可持续利用和优化配置、不断提高地下水资源的管理水平，也为各级领导对水资源的持续利用和优化配置的及时决策提供技术支撑。

3. 地下水资源环境信息系统的建设，为实现数据共享，服务政府决策和满足社会公众对地下水资源日益提高的关注提供了渠道。

现代地质工作提出了地质成果资料的共享。在开展各类地质资料研究和数字化基础上，打造相关地质学数据库及管理服务平台，搭建“局级平台院级库”，高起点建设地质智库，强化地质信息服务能力建设。按照“一院一库”思路，宁夏水环院亟待建设“宁夏地下水资源环境信息系统”，以响应十三五规划的要求。地下水资源环境信息系统的建设可以集成大量水文地质资料，快速统计计算、动态分析、空间展示，能够为政府决策提供科学高效的决策依据。水与人民生活息息相关，宁夏作为一个缺水地区，水资源相关工作近年来一直是社会关注热点。随着社会进步和人民生活水平的不断提高，供、排、节乃至水环境、水生态等方方面面的信息也日益受到社会公众的关注。当今社会信息公开是社会发展的趋势，在这种环境下，通过宁夏地下水资源信息管理系统的建设，将地下水资源信息对公众进行公开，使得市民能够直观、快速地获得所关注的水资源相关信息，增加政府部门和市民沟通交流的渠道，是提升民生水务服务能力及水平的必然要求。

2.2.2　建设平台

（1）WebGIS

WebGIS（网络地理信息系统）作为传统 GIS（Geographic Information System，地理信息系统）在 Internet 环境中的延伸和发展，是由服务器端与客户端连接组成的一个具有交互式、分布式的 GIS 系统。将地理空间信息网络化，同时可以进行空间数据发布、空间查询与检索、空间模型服务、Web 资源组织等，实现了地理空间数据的资源共享。

（2）ArcGIS Server

ArcGIS Server 是 ESRI 开发的面向 Web 空间数据服务的 GIS 软件平台，可以独立部署服务器软件，可以将地理制图、地理编码、地理处理、3D 地理数据、要素编辑、网络分析、OGC 支持、数据访问、移动数据提取等地理资源转化为在线服务产品体系。

（3）SQL Server

SQL Server 是由 Microsoft 开发和推广的关系数据库管理系统，具有使用方便可伸缩性好与相关软件集成度高等优点，语言的主要功能就是同各种数据库建立联系，进行沟通，是一个全面的数据库平台。SQL Server 的数据库为关系型数据和结构化数据提供了更安全可靠的存储功能，使用户可以构建和管理用于业务的高可用和高性能的数据应用程序。

2.2.3　系统构架

系统总体采用 B/S 结构表达方式。整个系统架构分为五个层面：分区用户层、应用层、应用支撑层、基础数据层、软硬件支撑环境。同时，在系统框架依托、遵循相关安全保障体系和标准规范的前提下，能够保证系统安全、持续运行（图 2–2）。

(1) 展现层：以水文地质单元和行政区划两种方式进行展示，根据不同的分区，展现对应区域地下水资源环境情况；根据用户的不同权限来限制用户访问其具有权限的地下水资源环境信息。

(2) 应用层：提供各类具体功能业务，如预警、查询统计、分析评价等。

(3) 应用支撑层：将系统各类应用通用的功能提炼出来，形成各类专门的功能组件集合，提升系统效率，减少重复开发工作量，确保系统统一性。

(4) 基础数据：系统各类基础元数据集合，如：钻孔数据、水位数据、水质数据、水量数据等。

(5) 软硬件支撑环境：指本系统运转需要的软硬件支撑环境。如：服务器、数据库平台、GIS 平台等。

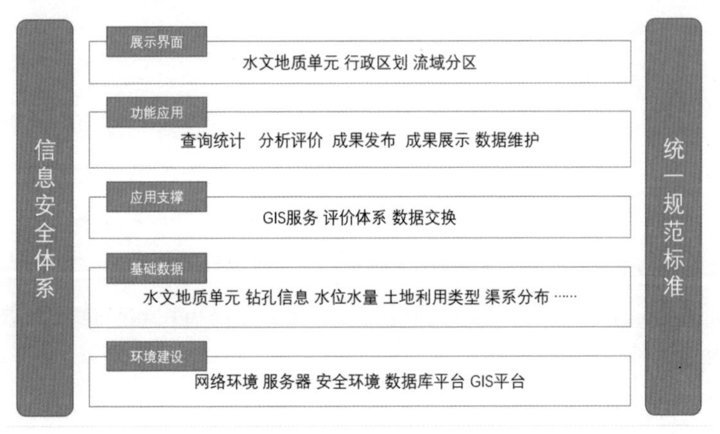

图 2–2 系统架构图

2.2.4 系统性能

(1) 并发性：根据第三方测试结果，本系统在模拟 50 名用户同时登录使用的情况下，选取部分模块测试，得出应用性能指标、服务器性能指标均满足效率要求（表 2–1）。

表 2–1　单业务负载测试结果

业务名称	并发用户数	平均响应时间	应用服务器		数据库服务器	
			CPU 平均占用率(%)	内存平均占用率(%)	CPU 平均占用率(%)	内存平均占用率(%)
首页登录	50	1.471	43.4	14.8	5.9	56.6
数据管理调查类详情	50	1.561	58.5	14.8	14.6	67.7
动态分析查询	50	1.196	58.0	14.8	2.9	58.9
成果目录	50	1.374	9.6	4.3	19.9	6.9

（2）系统响应时间：根据第三方测试结果，除需进行 GIS 空间分析大量计算的操作外，其余模块测试系统基准响应时间均低于 1 秒，满足预期（表 2–2）。

表 2–2　单业务负载响应时间测试结果

业务名称	运行次数	基准响应时间(秒)
首页登录	30	0.277
数据管理调查类详情	30	0.299
动态分析查询	30	0.048
成果目录	30	0.017

（3）更新处理时间：系统在用户对数据进行更新时，采用了组件式技术，保证系统更新处理时间在 10 秒以内。

（4）数据转换和传输时间：系统在应用过程中往往涉及大规模的数据提交、上报和传输，因此，在实现该部分功能时采用了组件技术，保证数据传输效率，将传输速度控制到 1 MB/s 以上。

（5）运行时间：为了消除假死现象，系统在可能长时间运行的部分采用 loading 提示的方法提示给用户，同时除去一些涉及空间 GIS 分析的操作，其余操作均运行良好，反应迅速。

（6）先进性：系统技术先进、支持跨平台服务；扩展性良好，适应功能在一定范围内调整和扩展。

（7）运行评估：宁夏地下水资源环境信息系统于 2021 年 2 月在宁夏水环院内网部署上线运行，由宁夏水环院 32 名专业技术人员访问、使用，主要用于查询钻孔信息，区域资料，数据分析等，系统整体运行情况良好，登录信息正常，数据正常，操作正常。通过系统运行，减少了专业技术人员查阅纸质资料、统计数据、录入资料等工作量，缩短了工作时间，在支撑水工环地质中心工作方面发挥了作用。

第 3 章　数据库建设

3.1　资料数据库

3.1.1　水文地质钻孔

水文地质钻孔主要对钻孔基本信息、岩性信息、管材安装信息、抽水试验成果、水质化验信息进行录入，并可通过录入信息直接生成钻孔岩性柱状图，亦能实现钻孔空间信息与详细信息同步查询，同时，通过数据管理功能，系统管理员可以根据实际情况对数据进行录入，删除以及更改等操作。录入钻孔主要来源于宁夏水环院多年来累积的图幅、项目钻孔资料，全宁夏均有覆盖，主要集中于银川平原。

录入资料时所有钻孔均有一个唯一的统一编号，所有信息以统一编号属性进行连接。主要包括基本信息、岩性信息、管材安装信息、抽水试验成果及水质化验信息，通过 Excel 表格固定格式进行录入，详述如下：

（1）基本信息

基本信息内容包括钻孔统一编号、原孔号、X 坐标、Y 坐标（6 度带）、地面高程（m）、孔口高程（m）、地下水水位试段、地理位置、

资料来源、资料存放处、钻机类型、井孔性质、施工日期、隶属行政区划、隶属图幅及备注。其中地下水水位试段分三个试段，分别填写记录高程及埋深。

⑵ 岩性信息

岩性信息内容包括钻孔统一编号、地质时代、层底深度（m）、岩层厚度（m）、岩性、岩性描述、岩性概化、岩性标准符号及图幅。

⑶ 管材安装信息

管材安装信息包括钻孔统一编号、试段编号、小径深度（m）、成井深度（m）、扩孔口径（mm）、管材口径（mm）、井壁管（顶底深）、滤水管（顶底深）、沉淀管（顶底深）、隶属图幅及备注。

⑷ 抽水试验成果

抽水试验成果录入内容包括钻孔的统一编号、试段编号、抽水设备、抽水日期、试段顶底深度（m）、填砾信息、止水方法、滤水管试段、含水层厚度、降深、渗透系数、影响半径、隶属图幅及备注。

⑸ 水质化验信息

水质化验信息录入内容包括钻孔的统一编号、试段编号、取样时间、分析日期、常用阳离子含量、常用阴离子含量、特殊元素、五项毒物、特殊项目、细菌分析、水质评价指标及物理特性、TFe、酸度、OH^-。

其中常用阳离子包括：K^+、Na^+、Ca^{2+}、Mg^{2+}、Fe^{2+}、Fe^{3+}、NH^{4+}、Al^{3+}。

常用阴离子包括：HCO_3^-、SO_4^{2-}、Cl^-、NO_2^-、NO_3^-、CO_3^{2-}、$H_2PO_4^-$、PO_4^{3-}。

特殊元素包括：Cu、Pb、Zn、Mn、F、Br、I、Cd、Se、NO_2–N、NO_3–N、Li、B。

五项毒物包括：酚 C_6H_5OH、氰 CN、汞 Hg、六价铬 Cr、As。

特殊项目包括：总硬度、永久硬度、暂时硬度、负硬度、固形物、侵蚀 CO_2、固定 CO_2、游离 CO_2、灼烧减量、灼烧残渣、总碱度、耗氧量、SiO_2、COD、H_2SIO_3、总矿化度、溶解性总固体、pH。

细菌分析包括：细菌总数、大肠菌值、大肠值指数。

水质评价指标包括：纳吸附比值（A）、盐度、碱度、锅垢总量 Hn、硬垢系数（Kn）、起泡系数（F）、腐蚀系数（Kk）。

物理特性包括：颜色、气味、口味、色度、透明度、悬浮物、水温（℃）、气温（℃）。

3.1.2　水位监测数据

本次系统中录入的水位监测数据包括纳入地下水国家监测网的监测井、各个项目的地下水位动态观测井和统测井及水源地开采井信息，录入基本信息包括野外编号、原编号、坐标信息、地理位置、井深（m）、井口高程（m）、监测层位、所属项目等，通过坐标信息生成统一编号，挂接观测数据。

国家监测井数据包括：银川市共计 288 口监测井资料，时间跨度自 1990 年至 2018 年。吴忠市共计 6 口监测井资料，时间跨度自 1990 年至 2018 年。石嘴山市共计 248 口监测井资料，时间跨度自 1991 年至 2018 年。固原市共计 30 口监测井资料，时间跨度自 2002 年至 2014 年。以上全部监测井资料均收集自宁夏国土资源调查监测院，收集后经过格式整理统一录入系统使用。

长观井及统测井资料主要来源于宁夏水环院历年实施的水文地质调查项目，长观井的观测时间通常以一年为周期，每月记录 1~3 个数据，统测井通常一年记录两次数据（枯水期及丰水期），根据项目周期不同，每个统测井记录的水位数据周期也有所不同。

3.1.3 样品化验数据

样品化验数据主要有水样及土样数据两类，主要为近年来项目实施过程中所累积的检测结果，包括简分析、全分析、同位素、饮用水水质分析、易溶盐分析、氟化物含量测验等。所有化验信息通过坐标信息生成统一编号挂接取样信息及样品检测结果，其中水样可以依照《地下水质量标准》（GB/T 14848—2017）进行单点的水质评价。

3.2 空间数据库

本研究空间数据库建设以 ArcGIS 软件为平台，采用坐标系为 CGCS2000 国家大地坐标系。

3.2.1 基础地理数据

本次采用的基础地理数据为 1:35 万基础地理数据，矢量数据含基本属性，均由宁夏回族自治区遥感地质调查院统一提供，文件格式为 shp，数据坐标系为 CGCS2000 国家大地坐标系，数据更新截至时间为 2018 年 3 月，主要包括宁夏全区交通道路、行政区划、水系、居民点等内容。样式设计重点参考《国家基本比例尺地图图式第 3 部分：1:25000 1:50000 1:100000 地形图图式》（GBT 20257.3—2017）。

需要说明的是，目前系统内所用的 GIS 地理底图均为经过处理的数据，并非官方发布数据，数据仅供内部参考使用。

（1）行政区划数据

根据提供数据及本次系统建设需求，行政区划面数据仅留取以乡镇级作为分区的数据，线数据选用原乡镇界线，并根据属性对省、市、县及乡镇进行区划（表 3-1）。同时，为查看方便，县级界线及乡镇级界线均设置了显示比例尺。

表 3–1　行政区划数据属性表

序号	数据项名称	别名	数据类型	长度	备注
1	FID		对象 ID		默认字段
2	Shape		几何		默认字段
3	地市级		字符串	10	
4	县区级		字符串	10	
5	乡镇级		字符串	20	
6	区划代码	行政区划代码	字符串	6	以县区级为基础，按照 GB/T2260—2017 填写
7	面积	面积（km^2）	双精度		

（2）道路交通数据

根据提供数据及本次系统建设需求，将全区高速铁路、铁路、高速公路、国道、省道、专用道路、县道、乡道作为底图数据录入信息系统并进行样式库设计（表 3–2），所有要素均根据道路等级设置了不同的显示比例，方便查看。

（3）水系数据

根据提供数据及本次系统建设需求，将黄河、水库、湖泊、河道、沟渠数据作为底图数据录入信息系统并进行样式库设计，并设置相应显示比例。

（4）居民点

根据提供数据及本次系统建设需求，将市级驻地、县级驻地、镇级驻地、乡级驻地、行政村、自然村数据作为底图数据录入信息系统并根据规范进行样式库设计，根据需求调整显示比例。

（5）交通设施

根据提供数据及本次系统建设需求，将火车站及飞机场作为底图数据录入信息系统并进行样式库设计，并设计显示比例。

(6) 标注样式

根据以上地理要素，对各要素文字标示按下表进行设计。根据实际图像展示情况，标注样式设计参考GBT 20257.3—2017，但也根据实际情况进行了调整，具体内容见表 3-2，其中水库类型的小型水库不进行标注。

表 3-2 地理要素标注样式属性表

类型	名称	字体	颜色(RGB)	大小	其他
道路交通注记	高速铁路	宋体	0,0,0	3 mm	加粗,白色晕圈
	铁路	宋体	0,0,0	3 mm	白色晕圈
	高速公路	Times New Roman	225,128,51	3 mm	加粗,白色晕圈
	国道	Times New Roman	225,180,0	3 mm	加粗,白色晕圈
	省道	Times New Roman	225,100,166	2.8 mm	加粗,白色晕圈
	专用公路	宋体	78,230,0	3 mm	加粗,白色晕圈
道路交通注记	乡道	Times New Roman	0,0,0	2.5 mm	白色晕圈
	县道	Times New Roman	0,0,0	2.5 mm	白色晕圈
水系注记	水库	宋体	0,112,225	3 mm	斜体
	湖泊	宋体	0,112,225	3 mm	加粗,斜体
	常年河	宋体	0,112,225	3 mm	加粗,斜体
	时令河	宋体	0,112,225	3 mm	斜体
	干渠	宋体	0,112,225	3 mm	加粗,斜体
	干沟	宋体	168,112,0	3 mm	加粗,斜体
	支干渠	宋体	0,112,225	3 mm	加粗,斜体
	支渠	宋体	0,112,225	3 mm	斜体
	支沟	宋体	168,112,0	3 mm	斜体
居民点注记	市级驻地	黑体	0,0,0	4 mm	加粗
	县级驻地	黑体	0,0,0	3.5 mm	加粗
	乡级驻地	黑体	0,0,0	3 mm	
	镇级驻地	黑体	0,0,0	3 mm	
	行政村	仿宋	0,0,0	2.5 mm	加粗
	自然村	仿宋	0,0,0	2.5 mm	

3.2.2 地下水水源地数据

本次水源地数据库建设共涉及宁夏56个地下水水源地，包括现用水源地31个，备用水源地21个，废弃水源地1个，关停水源地3个。大部分地下水水源地分布于宁北区域，包括石嘴山市（18个），银川市（19个），吴忠市青铜峡（6个）、利通区（2个）、盐池县（1个）。少量分布于宁夏中南部区域，包括中卫市（4个），固原市（3个），吴忠市红寺堡区（1个）、同心县（2个）。

根据前人工作程度及本次资料收集，将地下水水源地数据分为布井区，一级保护区，二级保护区，准保护区进行数据入库。

水源地数据布井区样式设计无相关参照，为自行设计。一级保护区、二级保护区、准保护区则根据《饮用水水源保护区划分技术规范》（HJ338—2018）进行设计（表3-3）。

表3-3 地下水水源地样式设计表

文件名	类型	意义	备注
布井区	面文件	水源地设计报告中的设计布井区	收集于各个水源地勘探报告
一级保护区	面文件	水源地已划定界线的一级保护区	收集于政府批复及勘探报告
二级保护区	面文件	水源地已划定界线的二级保护区	收集于政府批复及勘探报告
准保护区	面文件	水源地已划定界线的准保护区	收集于政府批复及勘探报告

3.2.3 区域查询数据

（1）宁夏标准分幅

宁夏标准分幅数据库以1:5万标准图幅为基准，添加1:10万及1:25万标准分幅属性，图幅范围以覆盖宁夏为基础，共录入171个图幅，其中 J48E005017 幅及 I48E004019 幅，因为距离宁夏省界较近，故也录入了系统。因此实际宁夏 1:5 万图幅应为 169 幅，1:10 万图幅包括 51 幅，1:25 万图幅包括 11 幅。

为保证图幅精度，本次所有图幅均使用“MapGIS–投影变换–根据图幅号生成图框”工具进行自动生成，经图形编辑去除多余的点、线、面，仅保留图幅范围的区文件，最后转成 shp 格式导入 ArcGIS。

宁夏标准分幅数据属性结构见表 3–4。

表 3–4　宁夏标准分幅数据属性表

序号	数据项名称	别名	数据类型	长度	备注
1	FID		对象 ID		默认字段
2	Shape		几何		默认字段
3	5 万分幅		字符串	10	1:5 万标准图幅号
4	5 万幅名		字符串	20	1:5 万标准图幅名
5	10 万分幅		字符串	10	1:10 万标准图幅号
6	10 万幅名		字符串	20	1:10 万标准图幅名
7	25 万分幅		字符串	10	1:25 万标准图幅号

(2) 宁夏地下水系统分区

宁夏地下水系统分区底图为 2011 年 12 月宁夏地质工程勘察院制作的《宁夏回族自治区地下水资源分布及开发利用现状图》，该图是在 2004 年《宁夏回族自治区地下水资源分布及开发利用现状图》的基础上，根据实测资料进行修编而成，比例尺为 1:35 万。

本次在对该图进行信息化时，主要有以下几方面改动：

成图坐标系由原来的西安 80 坐标系转变为 CGCS2000 国家大地坐标系。由于原图成图比例尺为 1:35 万，属中等比例尺大小，精度要求较低，因此在进行坐标系转换时，是直接将原图成图（JPEG 格式）通过地理配准工具，以省界为基准输入控制点，通过基础地理数据进行校正，然后在新的坐标系中进行信息化成图。

对所有的地下水系统分区界线根据地形进行调整。本次在重新对地图进行信息化的基础上，根据 DEM 数据对分区边界进行了调整，其中 DEM 为“地理空间数据云”网络下载（2011 年，GDEMV2 高程数据），坐标系为 WGS_84 国际坐标系，分辨率为 30 m，可以满足本次系统建设的精度要求。

其中，银川平原地下水含水系统边界直接采用了《宁夏沿黄经济区水文地质环境地质调查》项目中所用的银川平原含水系统边界。

宁夏地下水系统数据属性结构见表 3–5。宁夏地下水系统具体分区信息及其代号见表 3–6。

表 3–5　宁夏地下水系统分区数据属性表

序号	数据项名称	别名	数据类型	长度	备注
1	FID		对象 ID		默认字段
2	Shape		几何		默认字段
3	区代号		字符串	6	
4	区名		字符串	40	
5	亚区代号		字符串	6	
6	亚区名		字符串	40	
7	地段代号		字符串	6	
8	地段名		字符串	40	
9	area	面积(km^2)	双精度		系统计算

表 3–6　宁夏地下水系统分区

区代号	区名	亚区代号	亚区名	地段代号	地段名
Ⅰ	贺兰山	Ⅰ1	北部中低山		
		Ⅰ2	中部中高山		
		Ⅰ3	南部中低山		
		Ⅰ4	台地		

续表

区代号	区名	亚区代号	亚区名	地段代号	地段名
Ⅱ	银川平原	Ⅱ1	河西平原	Ⅱ1-1	山前洪积倾斜平原
				Ⅱ1-2	冲洪积平原
				Ⅱ1-3	冲湖积平原
				Ⅱ1-4	青铜峡冲积扇
		Ⅱ2	河东平原	Ⅱ2-1	吴灵冲湖积平原
				Ⅱ2-2	苦水河三角洲
				Ⅱ2-3	陶乐冲湖积平原
		Ⅱ3	石嘴山台地	Ⅱ3-1	石嘴山盆地
				Ⅱ3-2	煤山隆起区
Ⅲ	陶灵盐台地	Ⅲ1	东部波状台地	Ⅲ1-1	盐池
				Ⅲ1-2	古西天河
				Ⅲ1-3	马家滩-大水坑
				Ⅲ1-4	王乐井-黄土梁
		Ⅲ2	西部低山丘陵	Ⅲ2-1	灵武东山-石沟驿
				Ⅲ2-2	灵武东山-石沟驿
		Ⅲ3	陶乐高阶台地		
Ⅳ	宁中山地及山间平原	Ⅳ1	卫宁北山	Ⅳ1-1	照壁山
				Ⅳ1-2	山前丘陵
		Ⅳ2	卫宁平原		
		Ⅳ3	牛首山-罗山-青龙山	Ⅳ3-1	牛首山
				Ⅳ3-2	烟筒山
				Ⅳ3-3	罗山
				Ⅳ3-4	青龙山
				Ⅳ3-5	滚泉
				Ⅳ3-6	红寺堡
				Ⅳ3-7	韦州-下马关
		Ⅳ4	香山	Ⅳ4-1	香山
				Ⅳ4-2	南山台子
				Ⅳ4-3	喊叫水

续表

区代号	区名	亚区代号	亚区名	地段代号	地段名
Ⅴ	腾格里沙漠				
Ⅵ	宁南黄土丘陵与河谷平原	Ⅵ1	清水河河谷平原	Ⅵ1-1	马家河湾-李旺堡
				Ⅵ1-2	固原北川
				Ⅵ1-3	石碑湾黄土残塬
		Ⅵ2	西吉梁峁状黄土丘陵及河谷平原	Ⅵ2-1	六盘山西麓
				Ⅵ2-2	葫芦河东部梁峁状黄土丘陵
				Ⅵ2-3	葫芦河平原
				Ⅵ2-4	葫芦河西部梁峁状黄土丘陵
				Ⅵ2-5	树台洼地
		Ⅵ3	海原残塬状黄土丘陵	Ⅵ3-1	南华山北麓古洪积扇
				Ⅵ3-2	西安州洼地
				Ⅵ3-3	南西华山北麓山前沉降带
				Ⅵ3-4	蒿川-关桥-贾淌梁峁状黄土丘陵
				Ⅵ3-5	兴隆-罗山红层丘陵
				Ⅵ3-6	兴仁洼地
		Ⅵ4	清水河东塬梁峁状黄土丘陵	Ⅵ4-1	草庙-孟塬
				Ⅵ4-2	南北古脊梁
				Ⅵ4-3	官厅-古城
				Ⅵ4-4	窑山-张家塬-炭山
				Ⅵ4-5	予旺洼地
		Ⅵ5	麻黄山黄土丘陵	Ⅵ5	麻黄山黄土丘陵
Ⅶ	六盘山	Ⅶ1	六盘山	Ⅶ1-1	大小关山和开城
				Ⅶ1-2	马东山
		Ⅶ2	月亮山	Ⅶ2	月亮山
		Ⅶ3	南西华山	Ⅶ3-1	南华山
				Ⅶ3-2	西华山
				Ⅶ3-3	西华山西段

（3）宁夏水文地质分区

本次系统建设水文地质分区底图为 2018 年《宁夏地质安全保障图集》系列中的《宁夏回族自治区综合水文地质图》，该图是在 2000 年《宁夏回族自治区综合水文地质图》的基础上进行修编完成，比例尺为 1:35 万。

和宁夏地下水系统分区数据一样，本次在对水文地质图进行信息化时，同样有以下两方面改动：成图坐标系由原来的西安 80 坐标系转变为 CGCS2000 国家大地坐标系。对部分水文地质分区界线根据地形进行调整。

同时由于原图存在多层分区显示的情况，在进行信息化时，为方便运用，共依据地下水类型建立了九个面文件：1 单一潜水及以单一潜水为主.shp；2 多层结构上层潜水.shp；3 多层结构承压水.shp；4 新近系碎屑岩水.shp；5 古近系碎屑岩水.shp；6 白垩系碎屑岩水.shp；7 前白垩系碎屑岩水.shp；8 碳酸盐岩溶水.shp；9 基岩裂隙水.shp。

所有 shp 文件属性结构是一致的，见表 3–7。

表 3–7　宁夏水文地质分区属性表

序号	数据项名称	别名	数据类型	长度	备注
1	FID		对象 ID		默认字段
2	Shape		几何		默认字段
3	OBJECTID		长整型		线转面后系统生成
4	Shape_Area	面积(km^2)	双精度		线转面后系统生成
5	地下水类型		字符串	30	
6	分层时代		字符串	40	
7	富水性	富水性(m^3/d)	字符串	10	

（4）区域研究程度

区域研究程度主要从三个类型项目入手，分别为水源地勘探项目、水文地质项目及图幅调查项目。

其中水源地勘探项目根据水源地空间数据库，在全部整合的 56 个水源地中，录入已收集到勘探区数据的共 52 个，在属性设置上，保留了对应水源地的统一编码及水源地名称，以方便同水源地数据库进行挂链。具体属性信息见表 3–8。

表 3–8　水源地勘探项目属性表

序号	数据项名称	别名	数据类型	长度	备注
1	FID		对象 ID		默认字段
2	Shape		几何		默认字段
3	项目名称		字符串	80	
4	档案编号		字符串	10	水环院资料室归档编号
5	number	水源地统一编码	字符串	19	
6	name	水源地名称	字符串	60	
7	area	研究面积(km^2)	双精度		系统计算
8	研究精度		字符串	10	1:25000
9	项目来源		字符串	60	
10	任务书	任务书编号	字符串	30	
11	承担单位		字符串	50	
12	开始时间		时间		精确到月
13	完成时间		时间		精确到月
14	项目经费	项目经费(万元)	浮点型		
15	项目负责		字符串	20	多人用“,”隔开
16	技术负责		字符串	20	多人用“,”隔开
17	备案证明	储量评审备案证明	字符串	30	储量评审备案证明文号
18	评审时间		时间		精确到月
19	评审单位		字符串	40	
20	归档人		字符串	20	
21	归档时间		时间		精确到月
22	归档内容		字符串	20	
23	获奖情况		字符串	200	

水文地质项目根据已有数据，收集了《宁夏固原盐化工水资源调查评价》《宁夏沿黄经济区水文地质环境地质调查评价》《银川平原农业生产基地地下水资源及环境地质综合勘查评价》等项目，具体属性信息见表 3–9。

表 3–9 水文地质项目属性表

序号	数据项名称	别名	数据类型	长度	备注
1	FID		对象 ID		默认字段
2	Shape		几何		默认字段
3	area	研究面积(km^2)	双精度		系统计算
4	项目名称		字符串	80	
5	档案编号		字符串	10	水环院资料室归档编号
6	研究精度		字符串	10	
7	项目来源		字符串	60	
8	任务书	任务书编号	字符串	30	
9	承担单位		字符串	50	
10	开始时间		时间		精确到月
11	完成时间		时间		精确到月
12	项目经费	项目经费(万元)	浮点型		
13	项目负责		字符串	20	多人用“,”隔开
14	技术负责		字符串	20	多人用“,”隔开
15	评审文件		字符串	30	评审文件文号
16	评审时间		时间		精确到月
17	评审单位		字符串	40	
18	归档人		字符串	20	
19	归档时间		时间		精确到月
20	归档内容		字符串	20	

图幅调查项目收集了近年来宁夏水环院进行的 1:5 万水文地质及综合地质调查项目，并进行了总结。图层属性信息见表 3–10。

表 3–10　图幅调查项目属性表

序号	数据项名称	别名	数据类型	长度	备注
1	FID		对象 ID		默认字段
2	Shape		几何		默认字段
3	图幅名称		字符串	20	
4	图幅编号		字符串	10	
5	项目名称		字符串	80	
6	调查类型		字符串	20	水文地质/综合地质/……
7	调查年限		字符串	15	
8	档案编号		字符串	10	水环院资料室归档编号

（5）宁夏环境地质问题分区

本次系统建设环境地质问题分区底图为 2018 年《宁夏地质安全保障图集》系列中的《宁夏回族自治区环境地质图》，比例尺为 1:35 万。

同时，在该图的基础上，收集了宁夏地质灾害详查数据（2015 年），将详查灾害点也全部录入数据库。

本次在对环境地质问题分区图进行信息化时，有以下两方面改动：成图坐标系由原来的西安 80 坐标系转变为 CGCS2000 国家大地坐标系。对部分环境地质分区界线根据地形进行调整。

根据地下水系统分布图及实际环境地质情况，将之前被归并入银川平原（Ⅱ区）的贺兰山南部区域并入贺兰山区（Ⅰ区），将贺兰山区分为北部、中部、南部三个区域。

本次录入系统的环境数据文件主要包括环境地质分区底图图层及全区地质灾害灾害点图层，其中灾害主要包括：泥石流地质灾害，滑坡地质灾害，崩塌地质灾害及地面塌陷地质灾害。

环境地质问题分区属性结构见表 3–11。

表 3–11 环境地质问题分区数据属性表

序号	数据项名称	别名	数据类型	长度	备注
1	FID		对象 ID		默认字段
2	Shape		几何		默认字段
3	OBJECTID		长整型	9	
4	area	面积(km^2)	双精度		系统计算
5	区		字符串	20	
6	区编号		字符串	5	
7	亚区		字符串	30	
8	亚区编号		字符串	5	
9	环境问题	环境地质问题	字符串	50	

对于地质灾害点，由于本次灾害点均是从地质灾害 1:5 万详细调查项目收集而来，因此属性结构与详查项目完全保持一致，没有另做编辑。

(6) 宁夏岩土体分区

本次系统建设水文地质分区底图为 2018 年《宁夏地质安全保障图集》系列中的《宁夏回族自治区工程地质图》，比例尺为 1:35 万。

本次在对岩土体分区图进行信息化时，同样有以下两方面改动：成图坐标系由原来的西安 80 坐标系转变为 CGCS2000 国家大地坐标系。对部分岩土体分区界线根据地形进行调整。

在进行信息化时，为方便运用，共依据岩土体类型建立了七个面文件：1 沉积岩.shp，2 岩浆岩.shp，3 变质岩.shp，4 一般土体.shp，5 黄土类土.shp，6 土体结构.shp，7 黄土湿陷级.shp。

本次岩土体分区的所有文件属性结构是一致的，见表 3–12。

表 3–12　岩土体分区数据属性表

序号	数据项名称	别名	数据类型	长度	备注
1	FID		对象 ID		默认字段
2	Shape		几何		默认字段
3	OBJECTID		长整型	9	
4	Shape_Area	面积(km^2)	双精度		系统计算
5	岩土体		字符串	10	岩体/土体
6	类型		字符串	50	具体的岩土体类型

（7）宁夏地貌分区

本次系统建设宁夏地貌分区数据库底图比例尺 1:35 万。

在本次地貌图绘制时，在界线上参考了之前所绘制的宁夏地下水系统分区的部分边界线，并根据地形进行了核对，同时成图坐标系调整为 CGCS2000 国家大地坐标系。

宁夏地貌分区属性结构见表 3–13。

表 3–13　宁夏地貌分区数据属性表

序号	数据项名称	别名	数据类型	长度	备注
1	FID		对象 ID		默认字段
2	Shape		几何		默认字段
3	OBJECTID		双精度		
4	Shape_Area	面积(km^2)	双精度		系统计算
5	代号		字符串	10	一类地貌代号
6	上标		字符串	10	二类地貌代号
7	下标		字符串	10	三类地貌代号
8	地貌 1		字符串	10	一类地貌类型
9	地貌 2		字符串	30	二类地貌类型
10	地貌 3		字符串	30	三类地貌类型

第 4 章　系统环境

4.1　系统硬件设施

系统硬件设施主要包括局域内网服务器、客户端等。平台基础架构采用超融合私有云平台，同一平台内包含 GIS 平台云管理软件、虚拟化计算、软件定义存储、软件定义网络、网络安全、数据备份与灾备功能，同时支持计算存储资源扩缩不停机自动迁移和负载均衡弹性计算。

超融合私有云内部服务器与存储之间采用万兆以太网互联保证业务通信性能。根据服务器和存储的数量选用两台 16 口万兆光纤以太网交换机，组建冗余链路的互联网络环境，避免网络单点故障，提升私有云平台内部的网络强壮性。且该网络与其他网络不接驳，与地质专网、互联网均物理隔离，各楼层与机房核心交换机之间具备独立的网络链路。

（1）GIS 桌面云管平台

本次系统建设应用了 ZETTAKIT 平台资源管理软件/ZETTAKIT 桌面云管平台，主要应用于云基础架构平台的计算资源、存储资源、网络资源等基础资源的统一管理、调度和运维。同时可在提供的服务器上生成本地磁盘，并支持所有用户选择性同步资料库的任意子文件夹到后端存储空间。

(2) GIS 应用服务器

包括 4U 标准机箱，4 台机架式服务器，每台服务器有 12 个硬盘槽位，支持 SAS/SATA 接口，每台服务器有 2 颗 12 核 Intel Gold 处理器；处理器主频 2.6 GHz。内存容量 192 GB，支持 RDIMM、LDIMM 内存，共含 16 个内存插槽；12 个硬盘槽位。存储硬盘采购 1 块192 TB SATA 企业级硬盘，8 块 240 GB SSD 硬盘、8 块 480 GB SSD 硬盘。

含有独立 8 通道高性能 SAS RAID 卡，Cache 1GB，支持 Raid0，1，10，5，具备掉电保护功能，并有 2 个千兆以太网口，2 个 10 GE 网络端口（光口）。

显卡设备共有 8 块 NVDIA Quadro P4000 GPU 卡/显存 8 G/GPU clock 1202 MHz，16 块 NVDIA Quadro P2000 GPU 卡/显存 5 G/GPU clock 1076 MHz，8 块 NVDIA Geforce 1050 TI GPU 卡/显存 4 G/GPU clock 1291 MHz。

服务器采用集群架构，通过云平台软件实现服务器内 CPU、内存、总线等资源的统一调配和分发。CPU 选用主流 INTEL 至强处理器，多路多核架构，支持虚拟化功能，保证 CPU 资源的分发调度能力。每台服务器不少于 32GB 的内存容量，通过多服务器集群方式形成大容量内存资源，保证业务系统可得到足够的内存资源支撑业务系统的正常运行。

(3) 交换机

包括 1 台 H3C LS-S5560X-54C-EI 48 口千兆以太网核心交换机，2 台 H3C S6520-16S-SI 16 口万兆光纤以太网存储交换机。

（4）客户机

本次系统建设共采购了 32 台桌面终端客户机（1 个 VGA 接口，1 个 HDMI 接口，1 个 RJ45 网卡，4 个 USB 接口），21 吋液晶显示器 19 个，23 吋液晶显示器 13 个，显示器分辨率均为 1080P，刷新率 60 Hz（图 4–1）。目前 32 台桌面终端客户机均已分配至宁夏水环院技术人员于日常工作中使用。

图 4–1　桌面终端客户机

（5）标准服务器机柜

采购大唐卫士 42U 标准服务器机柜 1 套，兼容 ETSI 标准，高×宽×深为 2000 mm×600 mm×1000 mm，前后门黑色网孔状，含相关安装附件。承重 1000 kg 以上，含 2 个 16 口 PDU（图 4–2）。

（6）KVM 切换器

采购大唐卫士 16 口 17 吋屏 8 路 VGA 机架式 KVM 切换器 1 台。

（7）电源及空调

电源为伊顿 DX10KCNXL 后备电源（10 kVA 主机，16 节 100 AH

图 4–2　防火墙、交换机（左柜）及服务器（右柜）

图 4–3　UPS 主机、不间断电源

足量电池）延时 2 小时（图 4–3）。空调是 2P 格力变频柜式空调，主要用于控制机房温度。

（8）Amecloud

采购 Amecloud 云平台数据共享软件 1 套。

4.2　系统安全等级

系统按照信息系统等级保护二级设计，严格按照国家有关重要信息系统等级保护的要求，控制访问授权，部署防火墙、入侵防御、防病毒等安全产品，对私有云网络内黑客攻击、网络病毒、各种安全漏洞以及内部非授权访问导致的安全威胁形成主动防护机制。

(1) 环境安全

环境安全包括电源供给、传输介质、通信手段、电磁干扰屏蔽、避雷方式、机房环境等，在这些方面系统拥有完善的安全保护措施。

(2) 网络安全

网络是业务数据传输的通道，要确保数据传输的安全，网络设备和传输通道必须有安全保障措施，要保证网络业务的安全、网络管理系统的安全等。

(3) 数据安全

数据安全包括数据传输、存储、访问、处理等措施，系统资源的访问控制与认证包括数据的交换控制、资源的访问控制等防护措施，系统具有数据冗余备份措施。

(4) 系统运行安全

通过定时备份数据库的功能来保证数据的安全，一旦出现数据丢失，可通过恢复的功能来恢复数据。

系统采用相应的身份验证措施，不同的用户具有不同的访问权限。对于系统各种数据的增删改查均有日志进行追踪记录。

(5) 安全管理制度

为了保证安全管理，宁夏水环院成立网络安全和信息化工作领导小组，全面负责单位的整体网络安全管理工作。安全管理员负责网络安全和信息化工作领导小组的日常事务，负责等级测评的管理、安全管理制度的制订、对信息系统的安全建设进行总体规划以及管理系统定级的相关材料等工作。

第 5 章　系统功能应用

5.1　GIS 查询统计

5.1.1　GIS 展示

本次 GIS 展示以 WebGIS 的方式对空间数据进行浏览，直观展示宁夏回族自治区地下水资源环境相关的各类信息及其空间展布情况，以图层的形式呈现，包括基础地理数据及专题数据，采用坐标为国家 2000 大地坐标系（China Geodetic Coordinate System 2000，CGCS2000），可以直接查看宁夏地理地图数据、1:5 万图幅、水源地、水文地质图、地下水系统分区等专业图层。

GIS 展示具有放大、缩小、平移、刷新、图层、全图、点选、框选、测距离、测面积、清除、导出、全屏 13 项功能。

（1）放大缩小：点击【+】，可按比例放大图，点击【–】，可按比例缩小图，也可通过滑动鼠标滚轮来对图进行缩放。

（2）平移：在图上按住鼠标左键并移动鼠标，可实现对图的平移操作。

（3）刷新：点击【刷新】图标，可刷新界面。

（4）图层：点击【图层】图标，弹出图层列框，分为调查点、地理标记和专业分区 3 类图层。地理标记图层包含居民地、交通道路、交通设施、水系、自然保护区、行政界线等图层，专业分区图层包含原位试验平台、1:5 万分幅、研究程度、水源地、环境地质、工程地质、水文地质、地下水系统和基础地形数据图层。点击各图层名称前的 图标，可查看或关闭该图层。点击专业分区图层名称后的图标，可查看该图层的属性信息。

(5) 全图：点击【全图】图标，将图恢复为显示整个宁夏回族自治区的状态。

(6) 框选：点击【框选】图标，在 GIS 图上绘制多边形，框选调查点，选中的调查点高亮显示，同时显示其属性信息（图 5–1)。

(7) 点选：点击 GIS 图上的调查点，该调查点高亮显示，同时显示其属性信息。调查点密集时，点选可显示周边多个调查点的属性信息，分页显示（图 5–2)。

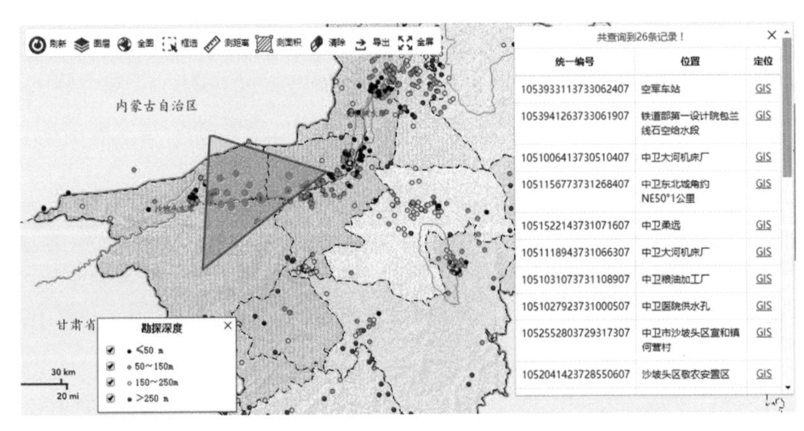

图 5–1 框选界面展示

(8) 测距离：可测量任意两点形成线段或多点的长度。

(9) 测面积：可测量任意范围的面积及周长（图 5–3)。

（10）清除：清除当前所做工作，使图显示恢复到原始状态。

（11）导出：点击【导出】图标，弹出另存为对话框，可将当前的图信息以图片形式保存。

（12）全屏：图会充满整个显示屏，再次点击该图标可退出全屏状态。

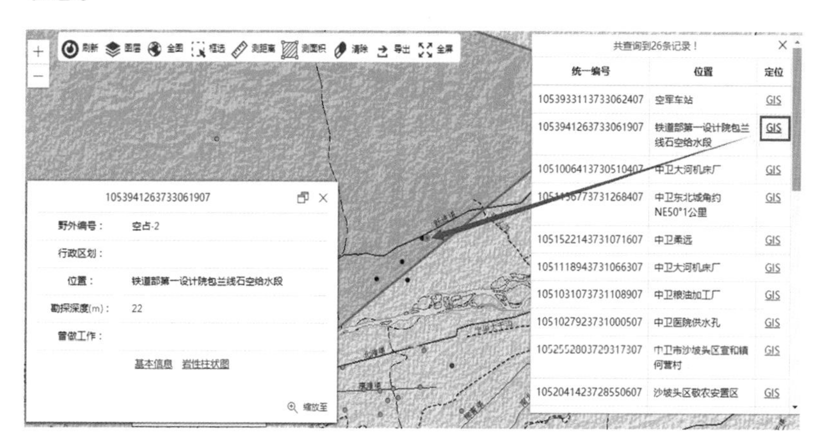

图 5-2　GIS 定位功能

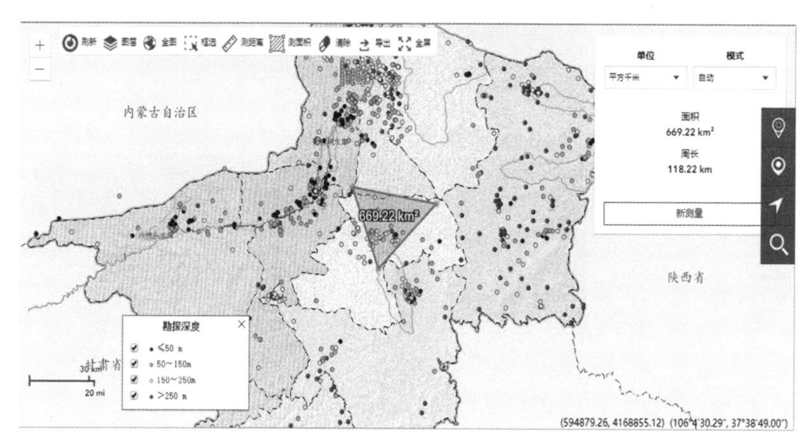

图 5-3　面积测量功能

5.1.2 钻孔信息查询

GIS 图中展示水文地质钻孔的空间分布情况，以不同颜色表示不同勘探深度，实现查询、勘探深度统计、钻孔用途统计和统计列表功能。

(1) 按勘探深度统计

点击右侧操作条勘探深度可按勘探深度对钻孔进行统计，选择井深级别，系统可统计出各深度范围的钻孔个数，并按行政区划进行分区统计。点击列表中各深度范围的钻孔个数，以表格形式显示该深度范围内所有钻孔信息，表格可导出，为.xls 格式（图 5–4，图 5–5，图 5–6）。

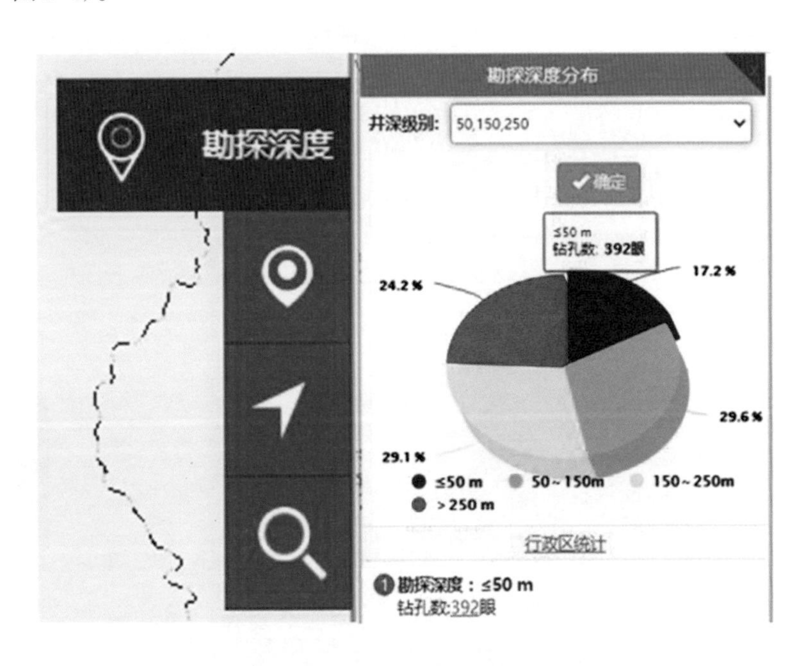

图 5–4 按勘探深度统计界面

导出表格

序号	统一编号	野外编号	行政区	地理位置	勘探深度(m)
1	1041938203727513007	营钻-6		B0K2053+60左830米（营钻18倍200米-观测孔）	28.06
2	1041939713727466607	营钻18		营盘水给水18号钻孔（距营站14孔约600米）	3.60
3	1041941503727413407	营钻14		营盘水给水孔-14（给水站NE2.5km大勺把水沟中）	4.42
4	1042702603731242207	甘武线1号试孔		乌兰敖包车站东约3km沟中	7.60
5	1045123653727287307	孟占-4	沙坡头区	长流水车站NW0.6km	19.88
6	1050354123730257507	迈占2	中卫市	0K3008左400米	20.00
7	1050442153730166407	迈钻1	中卫市	0K3018+59.7右147.5米	25.40
8	1050447083730597807	马占4	中卫市	中卫马场湖	30.39
9	1050525413730186207	6703	中卫市	宁夏中卫迎水桥冷库	47.50
10	1050534013730055007	6701	中卫市	中卫迎水桥农牧机械厂	49.05
11	1050540103732046107	马占-1	中卫市		30.58
12	1050547423730102807	CK88	中卫市	中卫迎水桥	44.90
13	1050828033733155307	中-3	中卫市	中卫林场北西50°一公里	38.20
14	1051002413729026807	卫勘-6	中卫市	中卫黄河新墩沙洲	8.00
15	1051006413730510407	1号井	中卫市	中卫大河机床厂	24.68
16	1051019743730474907	2号井	中卫市	中卫大河机床厂	44.15

图 5–5　勘探深度≤50 m 的钻孔列表

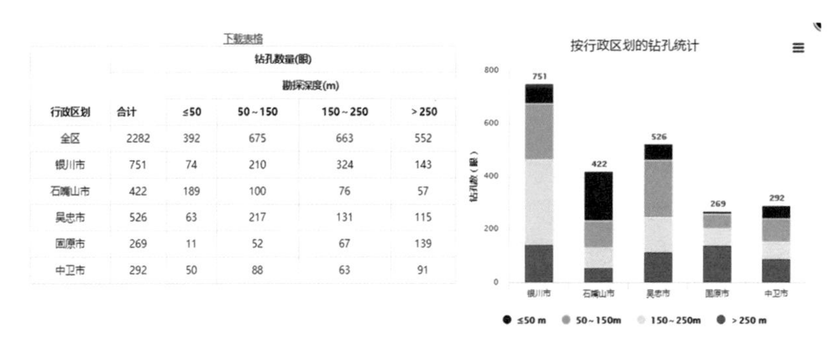
下载表格

行政区划	钻孔数量(眼)				
		勘探深度(m)			
	合计	≤50	50～150	150～250	＞250
全区	2282	392	675	663	552
银川市	751	74	210	324	143
石嘴山市	422	189	100	76	57
吴忠市	526	63	217	131	115
固原市	269	11	52	67	139
中卫市	292	50	88	63	91

图 5–6　按行政区划统计钻孔

(2) 按钻孔用途统计

点击右侧操作条钻孔用途按钮可进入按钻孔用途统计界面，在该界面可按钻孔用途（勘探井、监测井、开采井、水源地井、成井）对钻孔个数进行统计，并将统计结果按行政区划进行分区统计（图 5–7）。

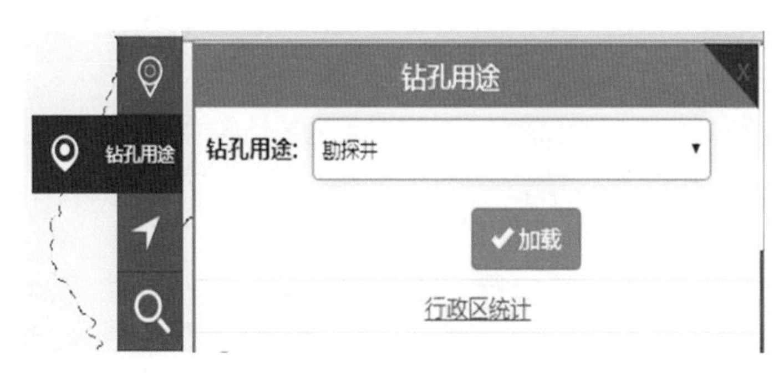

图 5-7 钻孔用途界面展示

点击“行政区统计”，可查看各行政区内各类钻孔的数量，点击“下载表格”超链接，可将数据列表导出，表格输出为.xls 格式，存在个人电脑硬盘中。

(3) 统计列表

点击右侧操作条统计列表可进入统计列表界面，在该界面可按行政区划、地下水系统分区、水源地、图幅统计各区域内钻孔个数、总进尺、最大井深、最小井深和地层情况，选择分区，GIS 图中仅显示该分区内的钻孔（图 5-8，图 5-9）。

图 5-8 统计列表界面

下载表格

行政区划	井数(眼)	总进尺(m)	最大井深(m)	最小井深(m)	地层情况
全区	1365	203517.17	4030	1.2	
银川市	676	116560.75	4030	8.5	
石嘴山市	326	35685.40	354.5	1.2	
吴忠市	216	25790.77	650	3	
固原市	78	13405.54	605.38	44	
中卫市	41	7612.68	502.15	29.99	

图 5-9　按行政区划统计列表

除了行政区划外，在该界面还可以通过地下水系统分区、水源地、1:5 万国际标准分幅，1:10 万国际标准分幅及 1:25 万国际标准分幅进行统计和查询成果展示（图 5-10）。

图 5-10　可选择的不同统计分区

（4）查询

点击右侧操作条查询功能可通过编号、行政区划、地理位置、勘探深度和项目名称进行钻孔信息查询。编号可查询统一编号、野外编号和原编号，输入查询条件，点击“查询”，列表中显示所有符合条件的钻孔，GIS 图中仅显示查询到的钻孔。点击列表中的“GIS”

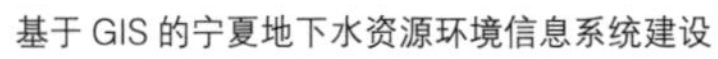

可定位该钻孔位置并查看其属性信息，点击“详情”可查看该钻孔的基本信息（图 5-11，图 5-12）。

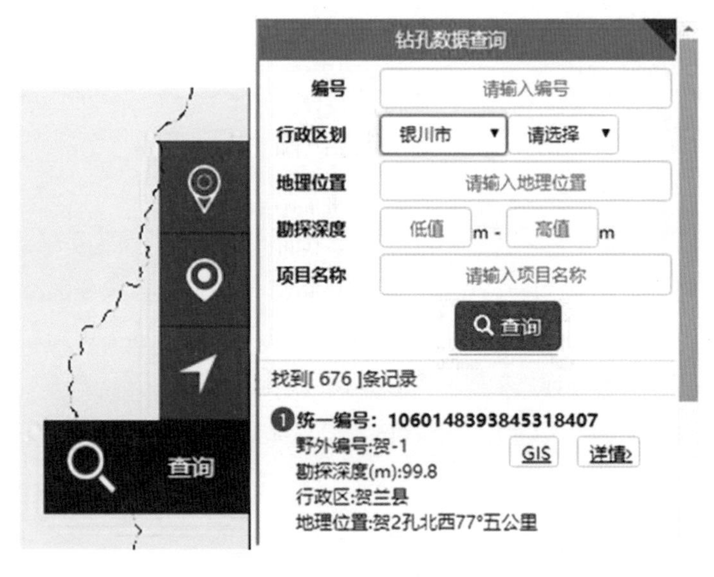

图 5-11　钻孔查询信息

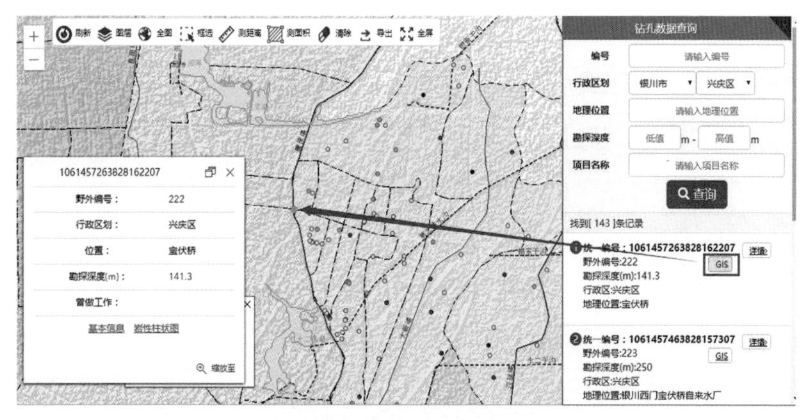

图 5-12　对符合条件钻孔进行 GIS 定位操作界面

5.1.3　钻孔信息展示

选中钻孔后，会在系统界面左下角展示出钻孔的编号、位置、勘探深度及曾做工作等信息。点击“基本信息”查看该钻孔的基本信息(图 5–13，图 5–14)；点击“岩性柱状图”，可查看系统根据该钻孔的岩性信息自动绘制的岩性柱状图，该图为系统自动生成，可直接下载使用（图 5–15)。

1061551363806163207

野外编号:	YE07
行政区划:	灵武市
位置:	灵武市梧桐树镇杨洪桥村二队
勘探深度(m):	896.87
曾做工作:	抽水试验、水质分析

基本信息　岩性柱状图

缩放至

图 5–13　钻孔信息展示

统一编号：	1061522133827377807	野外编号：		原编号：	YCS038
图幅编号：	银川市	图幅名称：	银川市	项目名称：	
经度：	106°15′22.13″	纬度：	38°27′37.78″	X(m)	18609639.200
行政区划：	银川市兴庆区	地理位置：	银川市自来水公司管道配件厂	Y(m)	4259362.920
地面高程(m)：	1109.54	高程获取方法：		资料来源：	
施工日期：	1981.8.26	钻机类型：		钻孔用途：	
勘探深度(m)：	151.02	成井深度(m)：		孔口高程(m)：	
开孔口径(mm)：		终孔口径(mm)：		取样情况：	
含水层特征：					
施工单位：		技术负责：		地质钻探（机长）：	
整理（记录）人：		审核人：			

图 5–14　钻孔基本信息内容展示

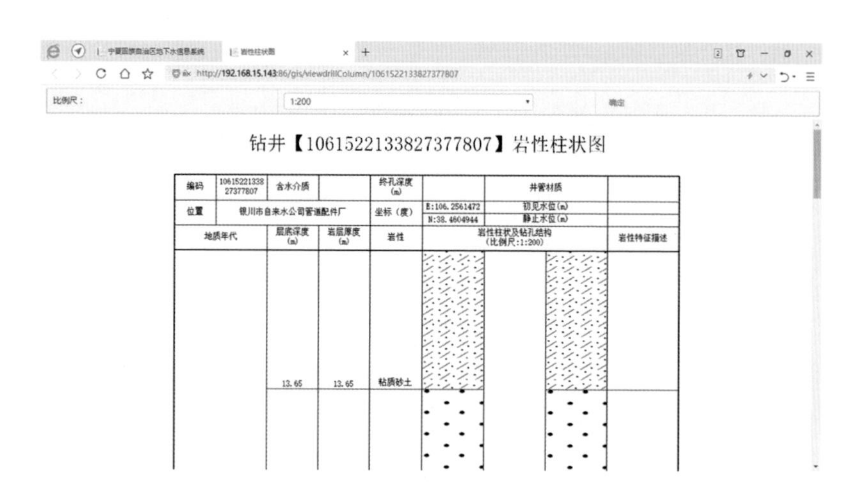

图 5–15　自动生成的钻孔岩性柱状图

点击曾做工作后的“抽水试验”，可查看该钻孔处做的所有抽水试验信息。点击分布图则会在图上显示该点位置，点击查看可以查看到抽水试验数据的详细信息（图 5–16）。

当前位置：抽水试验

统一编号	野外编号	试段编号	地理位置	试验时间	试验类型	
1061551363806163207	YE07	Ⅰ	灵武市梧桐树镇杨洪桥村二队	2014-01-17 18:40-2014-01-29 07:00	单孔抽水试验,稳定流抽水试验	分布图　查看
1061551363806163207	YE07	Ⅱ	灵武市梧桐树镇杨洪桥村二队	2014-01-24 10:00-2014-01-26 16:00	单孔抽水试验,稳定流抽水试验	分布图　查看
1061551363806163207	YE07	Ⅲ	灵武市梧桐树镇杨洪桥村二队	2014-01-19 10:00-2014-01-21 15:00	单孔抽水试验,稳定流抽水试验	分布图　查看

图 5–16　抽水试验数据显示界面

点击曾做工作后的“水质分析”可查看该钻孔处所取的所有水样信息，点击查看可以查看到具体的取样信息，点击“水质评价”可根据地下水质量标准（GB/T 14848—2017）对该取样样品进行单点评价，并显示评价等级结果（图 5–17，图 5–18，图 5–19，图 5–20）。

抽水孔试验信息　抽水孔曲线图

抽水孔信息					
*统一编号:	1061551363806163207	野外编号:	YE07	图幅编号:	
图幅名称:		*经度:	106°15'51.36"	*纬度:	38°06'16.32"
X:	18610888.420	Y:	4219930.050	行政区划:	银川市灵武市
地理位置:	灵武市梧桐树镇杨洪桥村二队	地面高程(m):		高程获取方法:	
项目名称:	宁夏沿黄经济区水文地质环境地质调查				

抽水试验信息					
*抽水试验编号:	201400013	*试段编号:	I	试段起止深度(m):	1.42-106.86
含水层厚度(m):	60.96	试验类别:	单孔抽水试验,稳定流抽水试验	静止水位(m):	1.42
滤水管半径(mm):		试验时间:	2014-01-17 18:40-2014-01-29 07:00	抽水设备:	潜水泵
观测方法、设备:	全自动水位仪	观测人:	童彦钊	记录人:	童彦钊
检查人:	马小波	审核人:			
抽水试验报告:					

试验成果信息

图 5-17　抽水试验信息显示界面

导出表格

统一编号	野外编号	水样编号	地理位置	取样日期	样品分析项目	
1061551363806163215	YE07	YE07-I同	灵武市梧桐树镇杨洪桥村二队	2014-05-20	同位素	查看
1061551363806163225	YE07	YE07-II同	灵武市梧桐树镇杨洪桥村二队	2014-05-20	同位素	查看
1061551363806163235	YE07	YE07-III同	灵武市梧桐树镇杨洪桥村二队	2014-05-20	同位素	查看
1061551363806163235	YE07	YE07-Ⅲ全	灵武市梧桐树镇杨洪桥村二队	2014-01-20	全分析	查看

图 5-18　钻孔水样信息列表

统一编号	1055535373836344205	水样编号		地理位置	
取样日期	2019-04-03	评价方法	单因子评价法	评价结果	Ⅱ类
超标因子					

《地下水质量标准》GB/T 14848-2017

序号	指标	Ⅰ类	Ⅱ类	Ⅲ类	Ⅳ类	Ⅴ类	检测值	评价结果
感官性状及一般化学指标								

图 5-19　水质评价结果表格表头

取样点信息					
经度:	106°15′51.41″	纬度:	38°06′18.66″	取样层位:	Ⅲ
图幅编号:		野外编号:	YE07	原编号:	106155133806163131
项目名称:	宁夏沿黄经济区水文地质环境地质调查	X:	18610888.000	Y:	4219858.000
行政区划:	银川市灵武市	地理位置:	灵武市梧桐树镇杨洪桥村二队	地面高程(m):	
取样信息					
取样日期:	2014-01-20	水样编号:	YE07-Ⅲ全		
取样深度(m):		含水层岩性:		水源类型:	机井水
取样单位:		取样人:		记录人:	
检查人		备注:			

水质分析记录					
室内编号:		分析日期:	2014/1/20 0:00:00	分析项目:	全分析
分析单位:		分析人:		检查人:	
记录人:		备注:			

水质分析结果 水质评价

离子	$\rho(B^{Z\pm})$ $(mg \cdot L^{-1})$	$C(1/zB^{Z\pm})$ $(mmol \cdot L^{-1})$	$X(B^{Z\pm})$ (%)	分析项目	$\rho(B)$ $(mg \cdot L^{-1})$	分析项目	$\rho(B)$ $(mg \cdot L^{-1})$	分析项目	$\rho(CaCO_3)/(mg \cdot L^{-1})$
K^+	6.15	0.157	0.5	游离CO_2	3.500	铝Al^{3+}		总硬度	854.06
Na^+	390.30	16.977	49.6	侵蚀性CO_2		铜Cu^{2+}	0.0050	暂时硬度	211.72

图 5-20 样品检测信息列表

5.2 数据动态分析

5.2.1 水位 / 埋深分析

（1）趋势分析

趋势分析界面主要以图表的形式展示观测井的水位/埋深变化情况，图中显示水位/埋深过程线，表中展示水位/埋深观测数据。

在该模块中，可以通过选择行政区划、编码、观测时间快速查找需要的数据进行对比。行政区划及钻孔编号都可以通过查找及框选进行选择，可单选也可多选（图 5-21，图 5-22）。

（2）历年同期对比

历年同期对比主要展示观测井在不同年份同一时间的水位/埋深情

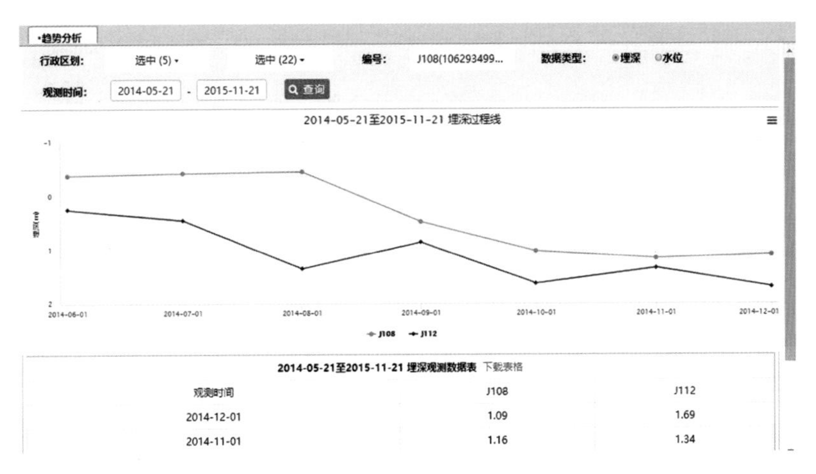

图 5-21　趋势分析界面

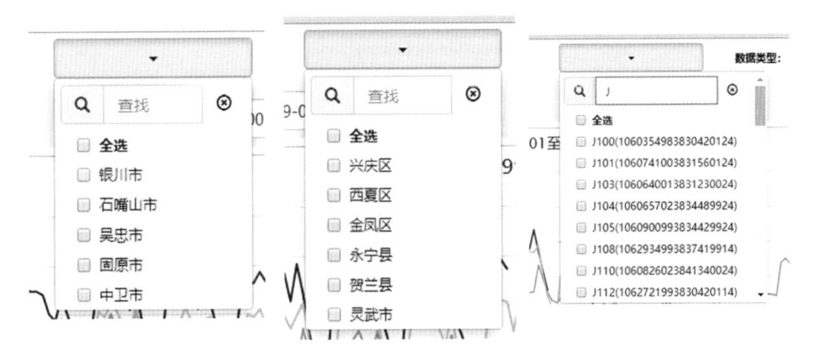

图 5-22　观测井查询条件选择

况，可选择一个观测井进行对比也可选择多个观测井进行对比，查询选择方式与趋势分析相同。

(3) 多年对比分析

多年对比分析主要展示观测井多年来每月的水位/埋深变化情况，可选择一个观测井进行对比也可选择多个观测井进行对比，查询选择方式与趋势分析相同。

(4) 变幅分析

变幅分析主要展示一个观测井在两个不同时间的水位变幅情况。可选择一个观测井进行对比也可选择多个观测井进行对比，查询选择方式与趋势分析相同（图 5–23，图 5–24，图 5–25）。

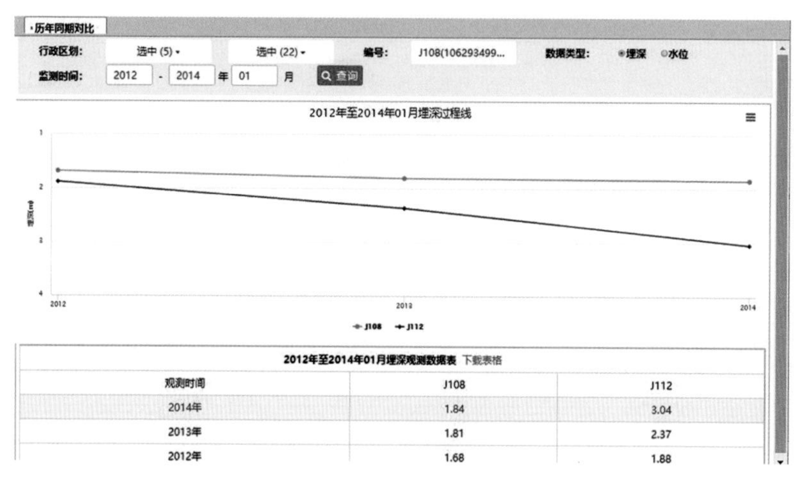

观测时间	J108	J112
2014年	1.84	3.04
2013年	1.81	2.37
2012年	1.68	1.88

图 5–23　历年同期对比界面

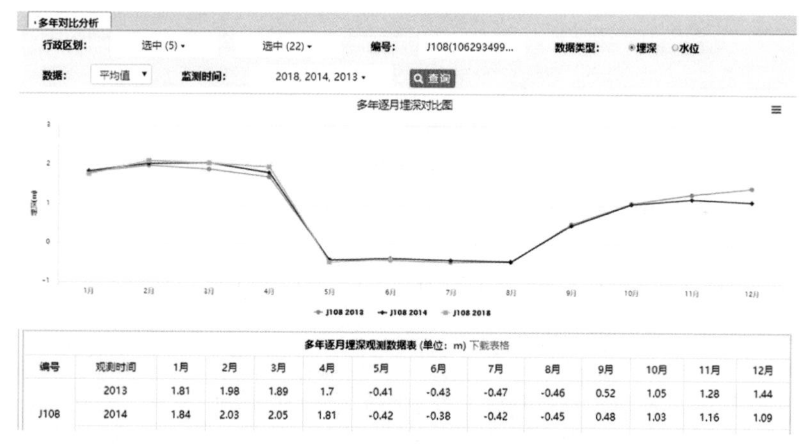

编号	观测时间	1月	2月	3月	4月	5月	6月	7月	8月	9月	10月	11月	12月
	2013	1.81	1.98	1.89	1.7	-0.41	-0.43	-0.47	-0.46	0.52	1.05	1.28	1.44
J108	2014	1.84	2.03	2.05	1.81	-0.42	-0.38	-0.42	-0.45	0.48	1.03	1.16	1.09

图 5–24　多年对比分析界面

•变幅分析

行政区划：选中 (5) ▾　选中 (22) ▾　观测井类别：全部 ▾　编号：J108(106293499...

观测时间：2013-06 与 2014-11 查询

2013-06对比2014-11观测数据表 下载表格

统一编号	埋深 (m)		水位变幅 (m)
	2013-06	2014-11	
1062934993837419914	-0.43	1.16	-1.59
1062721993830420114	0.37	1.34	-0.97
1060522983834430014	1.04	1.10	-0.06

图 5-25　变幅分析界面

5.2.2　水位埋深等值线

水位埋深等值线模块主要功能为计算同一水文地质单元在同一时间的水位/埋深区域分布情况。点击进入可在右侧进行等值线条件设置（图 5-26）。

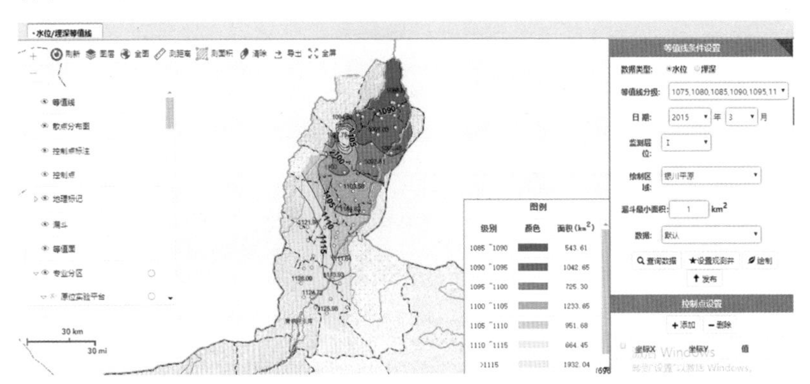

图 5-26　水位埋深等值线界面

（1）数值类型：可以选择是展示水位还是展示埋深。

（2）等值线分级：该等值线分级是由后台进行设定，根据宁夏本地情况设定了几个不同的级别，可以通过下拉框进行选择，如需要进行额外的自定义级别可联系系统管理员进行添加。

（3）日期：在日期中设定想要划定等值线的时间，精确到月。

⑷ 监测层位及监测区域：监测区域目前包括银川平原、卫宁平原及清水河平原，监测层位以银川平原为例，可以展现总共四层水的地下水水位情况。

⑸ 漏斗最小面积：这里可以设定划定漏斗的最小判断面积，默认为 1 km^2。

⑹ 数据：这里可通过下拉框选择应用监测孔在该月数据的最大值、最小值和平均值，默认条件为平均值。

⑺ 控制点设置：这里可以点击“+”跟“-”自行添加控制点，控制点位置可在图上直接点击，也可通过坐标添加该点水位信息。

设置好等值线条件后，点击“查询数据”按钮，系统自动读取数据库中的数据。之后点击“设置观测井”按钮，可以看到已查询数据的详细信息，可以看到该观测井的埋深及水位信息，左侧的勾选框可以根据信息将不采用的观测井信息勾选掉，则该观测孔信息不会参与后续评价（图 5-27，图 5-28，图 5-29）。

☐	统一编号	野外编号	埋深(m)	水位(m)
✔	1055829213803078414	YD126	2.63	1127.98
✔	1055901543823143214	YD118	16.67	1132.77
✔	1055932833758007514	YD127	3.43	1129.50
✔	1055942003825380114	K073	14.60	1130.87
✔	1055954583808270614	YD125	1.82	1124.95
✔	1060146403823108314	YD119	1.95	1121.82
✔	1060205443818299014	YD123	3.02	1130.31

图 5-27　查询到的观测井信息显示

图 5-28　控制点添加删除界面

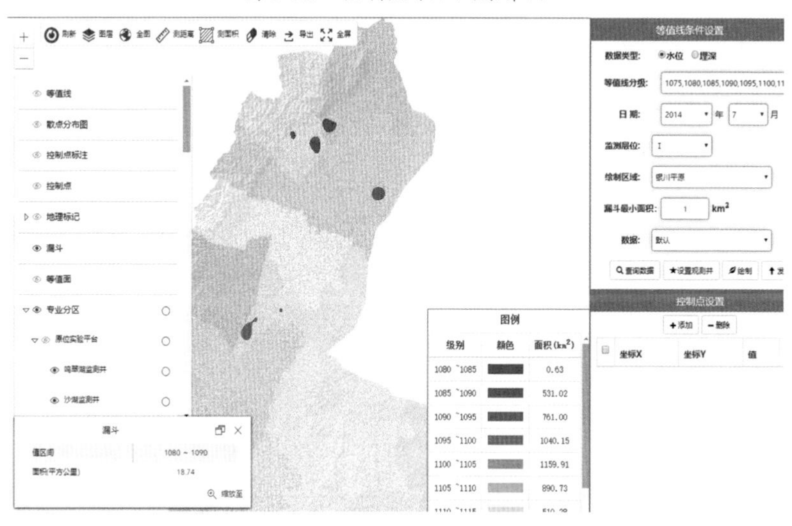

图 5-29　地下水漏斗功能展示

观测孔信息设置好后，点击“绘制”按钮，系统会自动绘制出水位/埋深等值线，并根据设定条件自动生成漏斗区图层，同时在图例处统计出各级别等值线的面积。

这里点击上方操作条图层按钮，可以单独将漏斗图层显示，点击漏斗可以显示该漏斗的面积信息。

5.2.3 变幅等值线

变幅等值线模块基本功能及操作等同水位埋深等值线，不同的是这里绘制的同一区域显示在两个不同时间段的水位变化情况。其余功能操作除无地下水漏斗相关操作外，其他操作跟水位埋深等值线一致(图 5-30)。

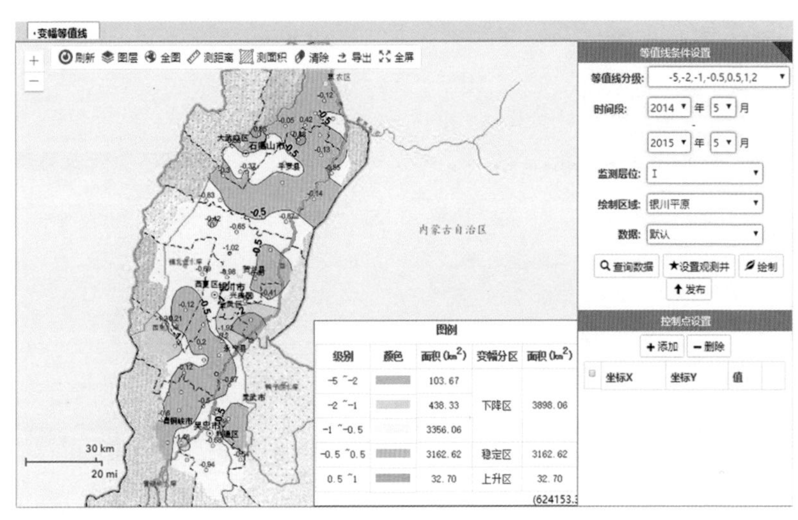

图 5-30 变幅等值线界面

5.3 地下水资源评价

地下水资源评价目前主要以银川平原所代表的平原区为基准，采用水均衡法计算平原区的地下水资源量，补给项包括渠系渗漏补给量、渠灌田间入渗补给量、降水入渗补给量、洪水散失入渗补给量和地下水侧向补给量，排泄项包括泄入黄河的地下水流量、排水沟排泄的地下水量、潜水蒸发量、潜水开采量和潜水越流量，并进行水均衡分析和合理性判断，最终计算平原区的潜水资源量和承压水资源量。

5.3.1　计算模型

（1）补给量

系统内使用参考水资源补给量具体计算公式及应用数据见表 5-1。

表 5-1　地下水资源补给量计算模型

项目	使用公式	应用数据	说明
渠系渗漏补给量(Q_1)	$Q_1=m \cdot Q_{引}$ $Q_{引}$:渠道引水量($10^8m^3/a$) m:渠系渗漏补给系数	(1)渠道引水量 (2)渠系渗漏补给系数	数值可修改
田间灌水渗漏补给量(Q_2)	$Q_2=\psi \cdot q_{田}$ ψ:灌溉回归系数 $q_{田}$:田间灌溉量($10^8m^3/a$)	(1)土地利用类型	土地利用类型决定田间灌溉量
田间灌水渗漏补给量(Q_2)	$Q_2=\psi \cdot q_{田}$ ψ:灌溉回归系数 $q_{田}$:田间灌溉量($10^8m^3/a$)	(1)土地利用类型 (2)灌溉定额 (3)灌溉回归系数表	土地利用类型决定田间灌溉量 数值可修改 数值可修改
大气降水渗入补给量(Q_3)	$Q_3=10^{-5} \cdot \alpha \cdot A \cdot \gamma \cdot F$ A:多年平均降水量(mm/a) γ:有效降水系数 F:计算区面积(km^2)	(1)降水量 (2)有效降水 (3)入渗系数分区图	日降水量大于10 mm 按表层岩性进行分区
洪水散失深入补给量(Q_4)	$Q_4=10^{-5} \cdot h \cdot \beta \cdot F$ h:山洪径流高度(mm/a); β:山前山洪散失渗入补给系数 F:形成山洪的山区面积(km^2)	(1)汇水区分布矢量图 (2)山前山洪散失渗入补给系数	按汇水区提供山洪径流高度 按地下水资源分区提供
地下水侧向补给量($10^8m^3/a$)(Q_5)	$Q_5=10^{-8} \cdot K \cdot I \cdot H \cdot B \cdot t$ K——渗透系数(m/d) I——水力坡度(无量纲) H——含水层厚度(m) B——含水层宽度(m) t——时间,采用 365d	(1)断面分布图 (2)含水层分区 (3)等水位线图 (4)渗透系数分区	包括厚度及宽度属性 计算水力坡度
潜水灌溉回渗量(Q_6)	$Q_6=\psi \cdot Q_{井}$ ψ:灌溉回归系数 $Q_{井}$:潜水开采量($10^8m^3/a$)	(1)土地利用类型 (2)潜水开采量	土地利用类型决定田间灌溉量 按行政区划,采用年统计值

(2) 排泄量

系统内使用参考水资源排泄量具体计算公式及应用数据见表 5–2。

表 5–2 地下水资源排泄量计算模型

项目	使用公式	应用数据	说明
排水沟排泄的地下水量(Q_p)	$Q_p=\delta\cdot Q$ δ:排水沟排泄地下水系数 Q:排水沟总排水量($10^8m^3/a$)	(1)排水沟矢量分布图	
		(2)排水沟排水量	年统计值
		(3)排水沟排泄地下水系数表	数值可修改
泄入黄河的地下水流量(Q_h)	$Q_h=10^{-8}\cdot K\cdot I\cdot H\cdot B\cdot t$ K:渗透系数(m/d) I:水力坡度(无量纲) H:含水层厚度(m) B:含水层宽度(m) t:时间,采用 365 d	(1)排水沟排泄点	
		(2)含水层分区	包括厚度及宽度属性
		(3)等水位线图	计算水力坡度
		(4)渗透系数分区	
地下水蒸发量(Q_w)	$Q_w=10^{-5}\cdot F\cdot\varepsilon$ ε:潜水蒸发度(mm/a) F:计算区面积(km^2) $\varepsilon=\varepsilon_0(1-\Delta/\Delta_0)^n$ ε:潜水蒸发度(mm/a) ε_0:水面蒸发度(mm/a) Δ:潜水位埋深(m) Δ_0:潜水不被蒸发的极限深度(m) n:与土壤有关的指数	水面蒸发度	单站记录年统计值,再按泰森多边形计算分区单元年蒸发度
		潜水位埋深	
		极限深度	银川平原取 3 m
		n=2	经验值
潜水开采量(Q_k)	Q_k:潜水开采量	潜水开采量	按行政区划,采用年统计值
潜水越流量(Q_y)	$Q_y=3.65\cdot F\cdot\Delta H\cdot K'/m'$ F:漏斗面积(km^2) K'/m':越流系数(1/d) ΔH:漏斗范围内潜水与第一承压含水组水头差(m)	漏斗	
		越流系数	越流系数分区图
		水头差	潜水和第一承压含水层发布的水位等值线图的水头差值进行计算

数据来源:
宁夏回族自治区水资源公报、水利公报等公报数据。
中国地调局项目《宁夏沿黄经济区水文地质环境地质调查评价》应用数据。
宁夏回族自治区气象局收集数据。
《宁夏地下水资源评价》(第二轮)报告数据。
根据经验值,研究资料确定。

5.3.2　潜水补给量计算

（1）渠系渗漏补给量（图 5–31）

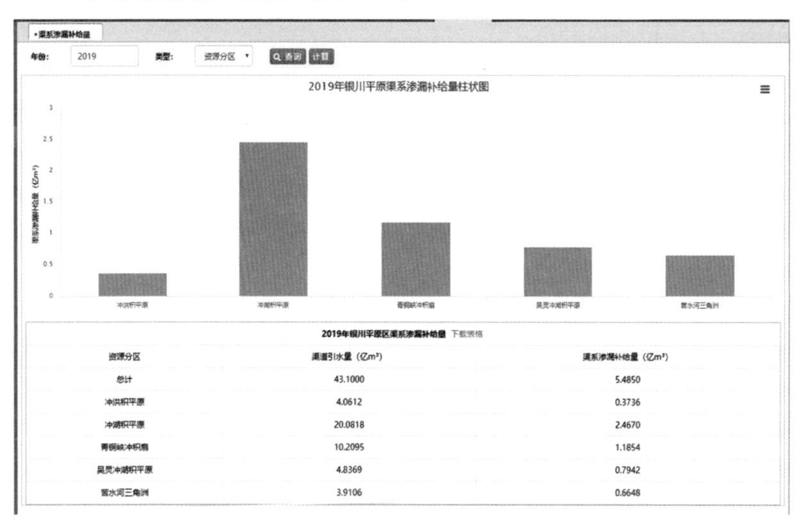

资源分区	渠道引水量（亿m³）	渠系渗漏补给量（亿m³）
总计	43.1000	5.4850
冲洪积平原	4.0612	0.3736
冲湖积平原	20.0818	2.4670
青铜峡冲积扇	10.2095	1.1854
吴灵冲湖积平原	4.8369	0.7942
苦水河三角洲	3.9106	0.6648

图 5–31　渠系渗漏补给量界面

年份：选择计算资源量的基准年。

类型：可通过下拉框选择按资源分区进行数据展示还是按渠系进行数据展示。展示出的内容均为根据后台数据已经计算完毕的结果。

计算：点击计算按钮可以查看默认数据，在这里可以对渠道饮水量根据个人需求进行修改，点击上方“渠系渗漏系数”按钮，可对渠系渗漏系数进行修改（图 5–32）。

点击“ ☰ ”图标，可下载导出柱状图。点击“下载表格”超链接，可下载相应的数据列表。

（2）渠系田间入渗补给量

基本功能操作等同“渠系渗漏补给量”，点击“计算”按钮可以在系统中自行对不同类型种植的灌溉定额及不同地貌中不同土地利用类型的灌溉回归系数进行修改（图 5–33）。

同时，用户也可以自行上传相应区域的种植结构图及土地利用类型图，上传格式为.shp。

▪渠系渗漏补给量

年份：2019　计算　保存　渠系渗漏系数　返回

提示：Q渠系 = Q渠道 * m；渠道引水量取年统计数据

渠系渗漏补给量-渠系分区

渠系	渠道引水量（亿m³）	渠系渗漏补给量（亿m³）
总计	43.1000	5.4850
秦渠	3.85	0.6160
汉渠	2.08	0.3536
马莲渠	0.73	0.1241
东干渠	4.64	0.7888
大清渠	1.43	0.1001
河西总干	0.81	0.0567
泰民渠	0.61	0.0427
西干渠	5.72	0.5262
汉延渠	4.49	0.5253
惠农渠	8.84	1.2288
唐徕渠	9.9	1.1227

渠系渗漏补给量-资源分区

资源分区	渠道引水量（亿m³）	渠系渗漏补给量（亿m³）
总计	43.1000	5.4850
冲洪积平原	4.0612	0.3736

图 5–32　渠系渗漏补给量参数修改

2019年银川平原区渠灌田间入渗补给量　下载表格

资源分区	面积（km²）	渠灌田间入渗补给量（亿m³）
总计	5852.24	4.7000
苦水河三角洲	300.37	1.2000
青铜峡冲积扇	526.66	0.8000
吴灵冲湖积平原	507.00	1.2000
冲洪积平原	1241.38	1.2000
冲湖积平原	3276.83	0.3000

图 5–33　田间入渗补给量界面

（3）降水入渗补给量

该界面以柱状图的形式展示选择年份降水入渗补给量，计算数据来源于气象站年降水量数据，为系统自动计算，不支持手动修改（图 5-34）。

（4）洪水散失补给量

基本功能操作等同“渠系渗漏补给量”，可选择不同年份，点击

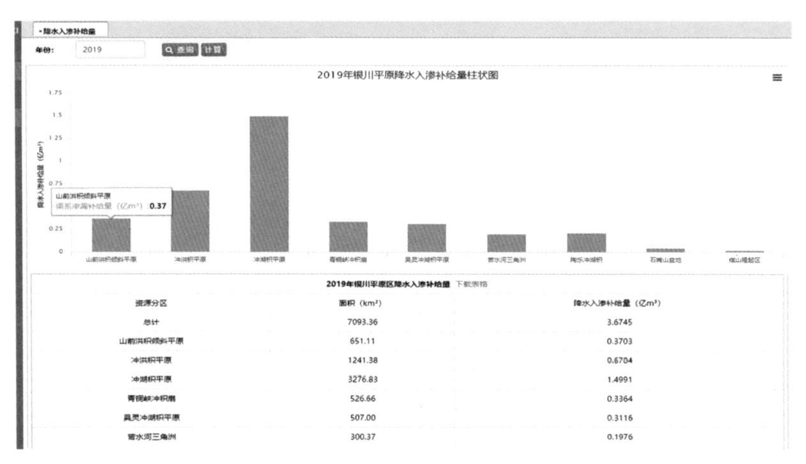

2019年银川平原区降水入渗补给量 下载表格

资源分区	面积（km²）	降水入渗补给量（亿m³）
总计	7093.36	3.6745
山前洪积倾斜平原	651.11	0.3703
冲洪积平原	1241.38	0.6704
冲湖积平原	3276.83	1.4991
青铜峡冲积扇	526.66	0.3364
吴灵冲湖积平原	507.00	0.3116
苦水河三角洲	300.37	0.1976

图 5-34　降水入渗补给量界面

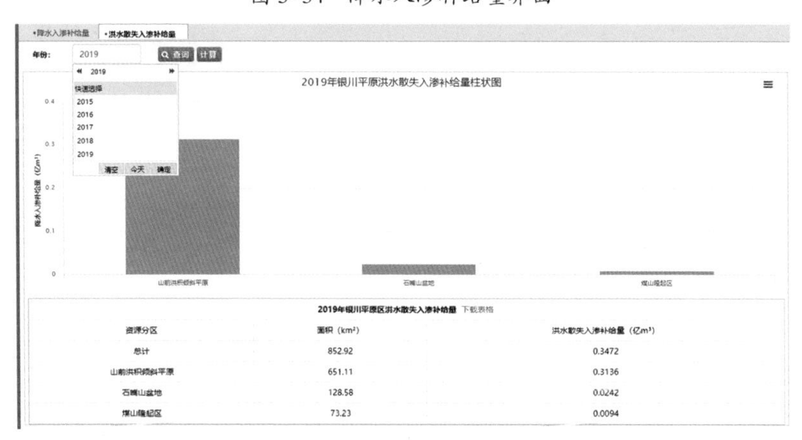

2019年银川平原区洪水散失入渗补给量 下载表格

资源分区	面积（km²）	洪水散失入渗补给量（亿m³）
总计	852.92	0.3472
山前洪积倾斜平原	651.11	0.3136
石嘴山盆地	128.58	0.0242
煤山隆起区	73.23	0.0094

图 5-35　洪水散失补给量界面

“计算”按钮可以在系统中自行对不同排水沟的径流模数及洪水入渗系数进行修改（图 5–35）。

（5）地下水侧向补给量

基本功能操作等同“渠系渗漏补给量”，可选择不同年份，点击“计算”按钮可以在系统中自行对不同补给区的径流模数进行修改（图 5–36）。

资源分区	面积（km²）	地下水侧向补给量（亿m³）
总计	895.20	0.1360
吴灵冲湖积平原	507.00	0.1262
陶乐冲湖积	388.20	0.0098

图 5–36　地下水侧向补给量界面

5.3.3　潜水排泄量计算

（1）泄入黄河的地下水流量

基本功能操作等同“渠系渗漏补给量”，可选择不同年份，计算依据系统在“等值线”模块发布的等值线进行，无法手动赋值（图 5–37）。

（2）排水沟排泄的地下水量

基本功能操作等同“渠系渗漏补给量”，可选择不同年份，点击“计算”按钮可以在系统中自行对排水沟排水量及排泄系数进行修改（图 5–38）。

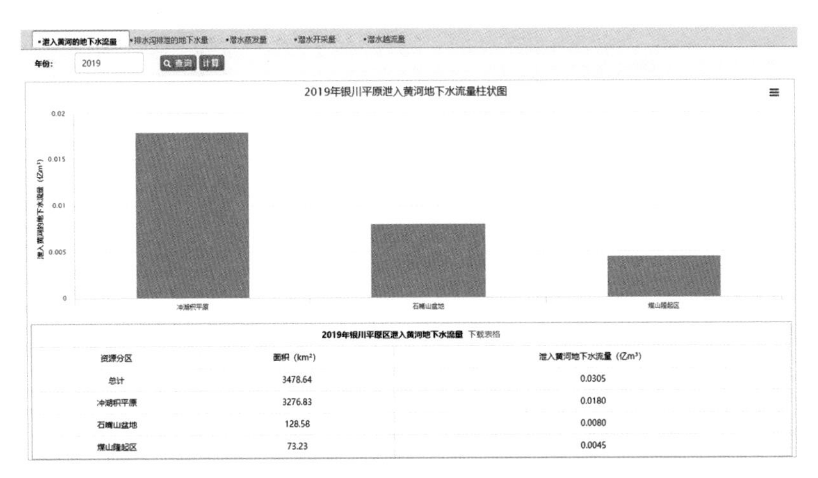

资源分区	面积（km²）	泄入黄河地下水流量（亿m³）
总计	3478.64	0.0305
冲湖积平原	3276.83	0.0180
石嘴山盆地	128.58	0.0080
煤山隆起区	73.23	0.0045

图 5–37　泄入黄河的地下水流量界面

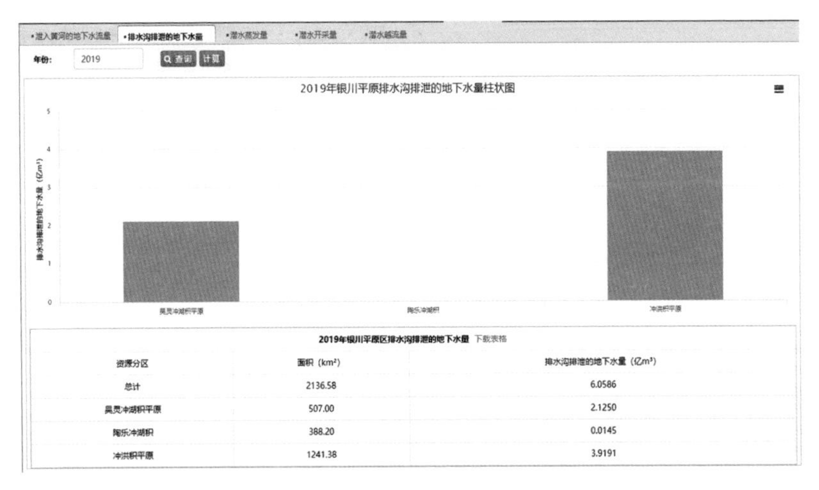

资源分区	面积（km²）	排水沟排泄的地下水量（亿m³）
总计	2136.58	6.0586
昊灵冲湖积平原	507.00	2.1250
陶乐冲湖积	388.20	0.0145
冲洪积平原	1241.38	3.9191

图 5–38　排水沟排泄的地下水量

（3）潜水蒸发量

基本功能操作等同“渠系渗漏补给量”，可选择不同年份，计算依据系统在“等值线”模块发布的等值线进行，无法手动赋值（图 5–39）。

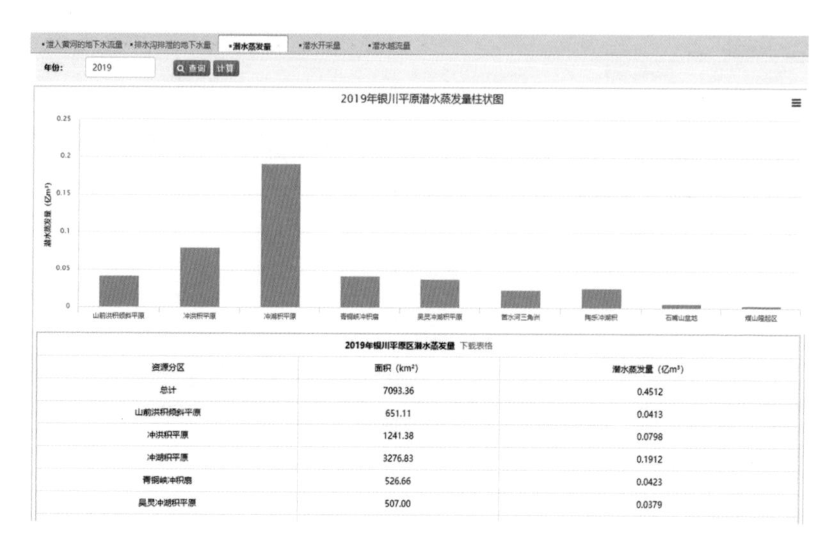

2019年银川平原区潜水蒸发量 下载表格

资源分区	面积（km²）	潜水蒸发量（亿m³）
总计	7093.36	0.4512
山前洪积倾斜平原	651.11	0.0413
冲洪积平原	1241.38	0.0798
冲湖积平原	3276.83	0.1912
青铜峡冲积扇	526.66	0.0423
吴灵冲湖积平原	507.00	0.0379

图 5-39　潜水蒸发量

(4) 潜水开采量

基本功能操作等同“渠系渗漏补给量”，可选择不同年份，类型可选择是根据资源分区进行展示还是根据行政区划进行展示（图 5-40）。

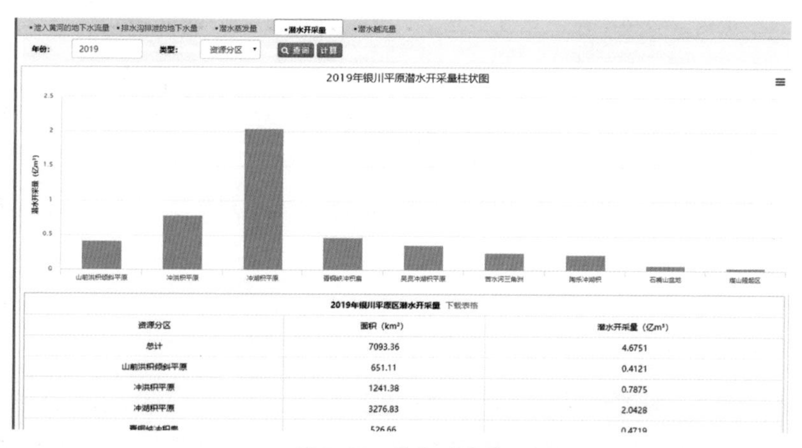

2019年银川平原区潜水开采量 下载表格

资源分区	面积（km²）	潜水开采量（亿m³）
总计	7093.36	4.6751
山前洪积倾斜平原	651.11	0.4121
冲洪积平原	1241.38	0.7875
冲湖积平原	3276.83	2.0428
青铜峡冲积扇	526.66	0.4719

图 5-40　潜水开采量

（5）潜水越流量

基本功能操作等同“渠系渗漏补给量”，可选择不同年份，点击“计算”按钮可以在系统中自行对不同补给区的径流模数进行修改（图 5–41）。

图 5–41　潜水越流量

5.3.4　承压水资源量

承压水资源量主要是基于已录入系统的承压水数据进行展示，基本功能操作等同“渠系渗漏补给量”，可选择不同年份，点击“计算”按钮可以在系统中自行对不同地貌的弹性释水系数进行修改（图 5–42）。

5.3.5　均衡分析

均衡分析界面主要是根据已计算的补给量和排泄量，依据系统内“等值线”模块发布的水位变幅等值线图进行均衡分析，并将分析结果以图表的形式展示出来（图 5–43）。

5.3.6　地下水资源量计算

地下水资源量模块主要是根据前期计算结果，进行统计汇总，展示最终的地下水资源量计算数据（图 5–44）。

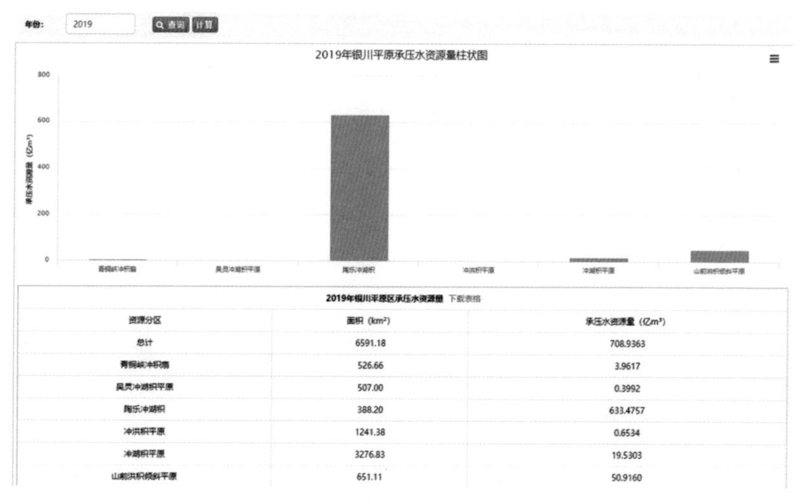

2019年银川平原区承压水资源量 下载表格

资源分区	面积（km²）	承压水资源量（亿m³）
总计	6591.18	708.9363
青铜峡冲积扇	526.66	3.9617
吴贾冲湖积平原	507.00	0.3992
陶乐冲湖积	388.20	633.4757
冲洪积平原	1241.38	0.6534
冲湖积平原	3276.83	19.5303
山前洪积倾斜平原	651.11	50.9160

图 5-42　承压水资源量

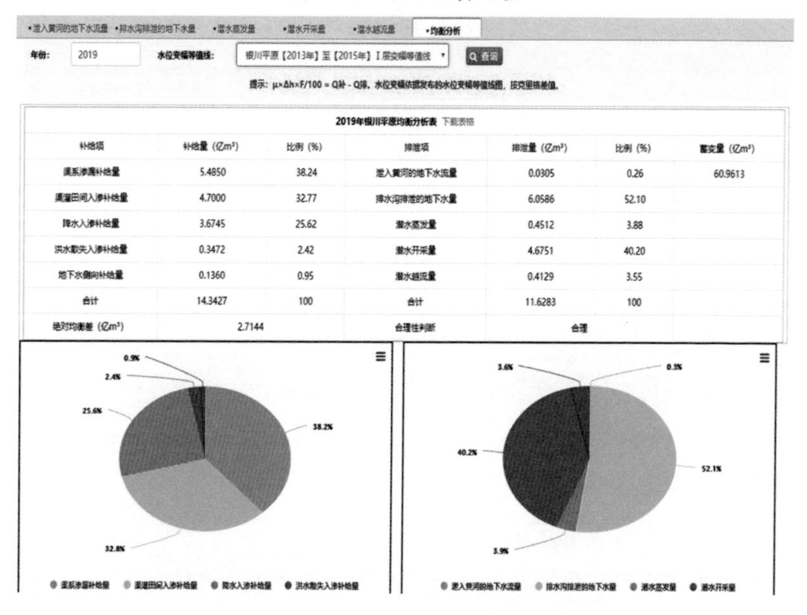

2019年银川平原均衡分析表 下载表格

补给项	补给量（亿m³）	比例（%）	排泄项	排泄量（亿m³）	比例（%）	蓄变量（亿m³）
渠系渗漏补给量	5.4850	38.24	泄入黄河的地下水流量	0.0305	0.26	60.9613
渠灌田间入渗补给量	4.7000	32.77	排水沟排泄的地下水量	6.0586	52.10	
降水入渗补给量	3.6745	25.62	潜水蒸发量	0.4512	3.88	
洪水散失入渗补给量	0.3472	2.42	潜水开采量	4.6751	40.20	
地下水侧向补给量	0.1360	0.95	潜水越流量	0.4129	3.55	
合计	14.3427	100	合计	11.6283	100	
绝对均衡差（亿m³）	2.7144		合理性判断	合理		

图 5-43　地下水资源量均衡分析

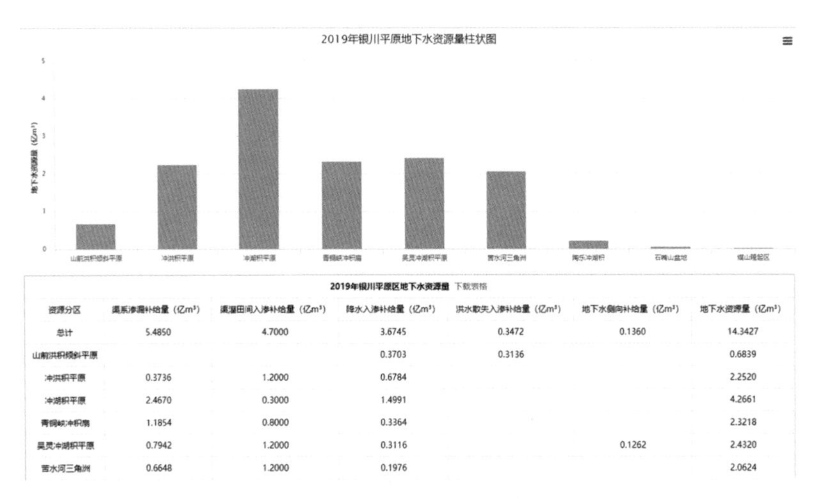

2019年银川平原区地下水资源量 下载表格

资源分区	渠系渗漏补给量（亿m³）	渠灌田间入渗补给量（亿m³）	降水入渗补给量（亿m³）	洪水散失入渗补给量（亿m³）	地下水侧向补给量（亿m³）	地下水资源量（亿m³）
总计	5.4850	4.7000	3.6745	0.3472	0.1360	14.3427
山前洪积倾斜平原			0.3703	0.3136		0.6839
冲洪积平原	0.3736	1.2000	0.6784			2.2520
冲湖积平原	2.4670	0.3000	1.4991			4.2661
青铜峡冲积扇	1.1854	0.8000	0.3364			2.3218
吴灵冲湖积平原	0.7942	1.2000	0.3116		0.1262	2.4320
苦水河三角洲	0.6648	1.2000	0.1976			2.0624

图 5-44　地下水资源量计算结果

5.4　地下水防污性能评价

5.4.1　评价指标体系

（1）DRASTIC 模型

DRASTIC 模型是应用最为广泛的地下水防污性能评价模型。它是在 1987 年由美国环保署提出的，该方法主要考虑了净补给量、地下水位埋深、地形、含水层介质、含水层渗透系数、包气带性质等七个参数，通过一定的权重影响因子来计算研究区域防污性能指数大小，用这个指数来评价该区域地下水防污性能的好与差，DRASTIC 指标越高，地下水越容易受到污染，防污性能评价考虑的因素见表 5-3。

（2）评价体系

评价指标体系采用七个影响和控制地下水运动的指标，分别为：地下水埋深（D）、净补给量（R）、含水层介质（A）、土壤介质（S）、地面坡度（T）、包气带岩性影响（I）、渗透系数（C）。

表 5–3　防污性能评价需考虑的因素

	固有防污性能主要因素					固有防污性能次要因素		特殊防污性能
参数	土壤	包气带	含水层	补给量	地形	下伏地层	与地表水联系	
主要参数	成分、结构、厚度、有机质含量、粘土矿物含量、透水性	厚度、岩性、水运移时间	岩性、有效孔隙度、导水系数、流向、地下水年龄与驻留时间	净补给量年降水量	地面坡度变化	透水性、结构与构造、补给排泄潜力	入出河流、岸边补给潜力	土地利用状态、人口密度、污染物在包气带中运移时间、土壤包气带稀释与净化能力
次要参数	阴离子交换容量、解吸与吸附能力、硫酸盐含量、体积密度、容水量、植物根系量	风化程度、透水性	容水量、不透水性	蒸发、蒸腾、空气湿度	植物覆盖程度			污染物在含水层中驻留时间、人工补给量、灌溉量排水量污染物运移性质

评价方法根据各个指标对地下水污染造成的影响程度不同，根据相对重要程度为各指标赋予权重因子，权重因子越高，对地下水污染所造成的影响就越大，最高为 5，最小为 1，具体见表 5–4。

表 5–4　指标体系中各评价因素的权重

指标	权重
地下水埋深(D)	5
含水层净补给量(R)	4
含水层介质(A)	3
土壤介质(S)	2
地面坡度(T)	1
包气带岩性影响(I)	5
渗透系数(C)	3

DRASTIC 方法的地下水防污性能综合评分值由下式确定：

DRASTIC 综合评分值=5×D+4×R+3×A+2×S+T+5×I+3×C

由于美国环保署（EPA）的 DRASTIC 是适用于山区、平原等多种水文地质条件，本次系统中防污性能评价结合了银川平原的具体条件，对各指标因素的评分值进行了细微调整。为了便于对比，各指标因素分为不同的等级，评分范围介于 1~10 分之间，评分值越大，地下水相对越易受到污染。

5.4.2　防污性能评价

根据 DRASTIC 指标体系，系统通过用户选择的评分标准自动对参与评价的 7 个指标因子进行打分，并根据各因子的权重计算综合评分值，从而生成防污性能分区图，系统可对比查看不同年份的防污性能分区图。

（1）地下水埋深

地下水埋深可自行导入评价区域的地下水埋深图，也可基于系统在“等值线”模块内已发布的地下水位埋深分区图进行计算。自行导入时文件格式为 SHP 图层文件。且该图层文件属性字段要包括地下水埋深分区，分区值以<1、1–3、3–5、5–10、10–20、20–50、>50 为基准进行分区。

（2）含水层净补给量

该模块需自行导入评价区域的含水层净补给量分区图，导入格式为 SHP 图层文件，且该图层文件属性字段要包括净补给量（mm/a）分区，分区值以>500、400–500、300–400、150–300、<150 为基准进行分区。

（3）含水介质

该模块需自行导入评价区域的含水介质分区图，导入格式为 SHP

图层文件，且该图层文件属性字段要包括含水介质分区，分区以砂卵石砂砾石、砂卵砾石、沙土与粘土互层、中细砂中粗砂、砂、细砂、含砾粉细砂为基准进行分区。

⑷ 土壤介质

该模块需自行导入评价区域的土壤介质分区图，导入格式为 SHP 图层文件，且该图层文件属性字段要包括有机质含量（%）分区，分区值以 0、0–0.7、0.7–1、1–1.5、>1.5 为基准进行分区。

⑸ 地形坡度

该模块需自行导入评价区域的地形坡度分区图，导入格式为 SHP 图层文件，且该图层文件属性字段要包括地形坡度（%）分区，分区值以 0–2、2–6、6–12、12–18、>18 为基准进行分区。

⑹ 包气带岩性

该模块需自行导入评价区域的包气带岩性分区图，导入格式为 SHP 图层文件，且该图层文件属性字段要包括包气带岩性分区，分区值以砂卵砾石、砂、粘砂土、粘土、上部砂性土下部粘性土、上部粘性土下部砂性土为基准进行分区。

⑺ 渗透系数

该模块需自行导入评价区域的渗透系数分区图，导入格式为 SHP 图层文件，且该图层文件属性字段要包括渗透系数分区，分区值>81.5、40.7–81.5、28.5–40.7、12.2–28.5、4.1–12.2、0.04–4.1 为基准进行分区。

⑻ 评价

所有数据导入成功并完成离散化后，在评价界面点击评价，系统会根据离散成果及权重进行赋分，再根据综合评价分值形成最终的防污性能评价分区图，点击“保存”输入年份，点击“确认”便可将成果进行发布（图 5–45）。

图 5–45　年份输入成果发布窗口

5.4.3　防污性能评价结果

在该模块会展示出已评价完成的两个年份防污性能分区图，并可进行成果对比分析。当移动缩放左边图件的时候，右边图件会跟着移动至相应位置。移动右边图件时，则只对右边图件进行移动缩放（图 5–46）。

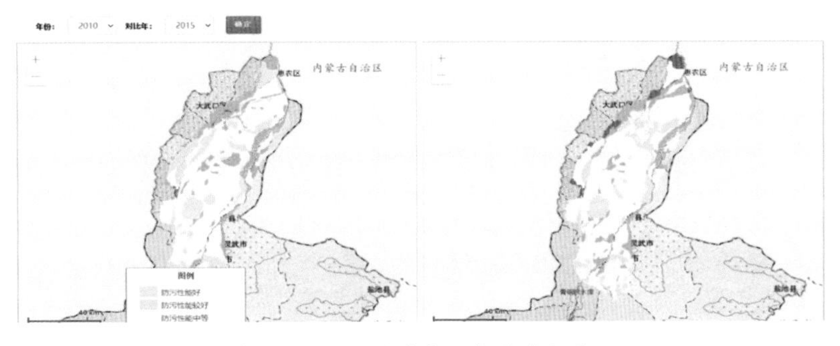

图 5–46　防污性能分区成果对比展示

5.5　共享与服务平台

“宁夏地下水资源环境数据共享与服务平台”（以下简称“共享与服务平台”）是布设在自治区地质局专网上的一套面向公众的地下水共享与服务平台。该服务平台旨在将部分水工环地质成果在地质行业内进行公开，使得相关部门都能够直观、快速地获得所关注的水资源相关信息，达到使专业成果通过信息化形式对社会进行服务的目的。

系统一级模块包含首页（图 5–47）、成果目录、水资源、水环境、水生态、创新团队、试验场、意见建议。

5.5.1　首页

图 5–47　共享与服务平台首页界面

（1）共享展示

该模块主要放置一些宁夏水工环工作方面的成果、团队介绍、报道、发表论文、宣传视频，以及科普小知识等。

点击文章标题可以进入查看详细内容。

点击“MORE”按钮可以查看该模块的已发表的文章列表，排列方式为按发表时间进行倒序排列，同时可根据标题进行查询（图 5–48）。

首页 / 共享展示

标题：请输入标题　查询

序号	标题	日期
1	宁夏生态环境地质调查应用中心	2020-11-17
2	银川市湖泊—地下水转化关系——以阅海湖为例	2020-11-16
3	银川平原浅层地下水Fe、Mn 空间分布及影响因素研究	2020-11-16
4	灵武市北部高氟地下水的分布特征及影响因素	2020-11-16
5	黑河下游额济纳绿洲变化规律及其相关因素分析	2020-11-16
6	宁夏地质局水环院成立60周年宣传视频	2020-10-16

图 5–48　共享展示模块文章列表

⑵ 数据分类体系

根据专题服务类别，显示系统的数据分类体系，可从这里点击子分类超链接直接进入水资源、水环境、水生态、创新团队及试验场五个模块的子模块。

⑶ 照片集

照片集滚动显示宁夏水工环地质工作过程中的部分照片，也可以通过照片左右两侧“<”“>”两个按钮手动更换展示照片（图 5-49）。

图 5-49　照片展示界面

⑷ 专题图件

专题图件展示滚动显示宁夏水工环方面特色图件，若要查看大图，可将鼠标移动到该区域上，图片会停止滚动，之后点击想要查看的图片，即可查看大图。

5.5.2　成果目录

成果目录主要展示宁夏多年来累积的水文地质项目成果目录(图 5-50)。

图 5-50　成果目录展示界面

(1) 查询：可以通过项目名称、项目开展时间、项目涉及行政区划及内容主题关键词进行查询。

(2) 列表：列表会列出符合查询条件的所有项目的项目名称，涉及行政区划及项目成果形成时间，点击详情后可以查看该项目详细信息及内容简介。

(3) 借阅：查看中如需借阅相关资料，可直接通过界面显示的联系人方式进行联系，也可进入“意见建议–联系我们”模块通过地址与电话进行联系。

5.5.3　水资源

水资源模块主要展示宁夏范围内可公开的水资源方面成果图件。

左侧可按数据类型及行政区划进行分类，并统计相关类型所拥有的成果图数量，点击对应模块即可在右边展示窗口显示出相关图件列表（图 5–51，图 5–52）。

宁夏地下水资源环境数据共享与服务平台
Q搜索
首页
成果目录
水资源
水环境
水生态
创新团队
试验场
意见建议
固原市水文地质图
宁夏回族自治区水文地质图
石嘴山市水文地质图
吴忠市水文地质图
银川市水文地质图

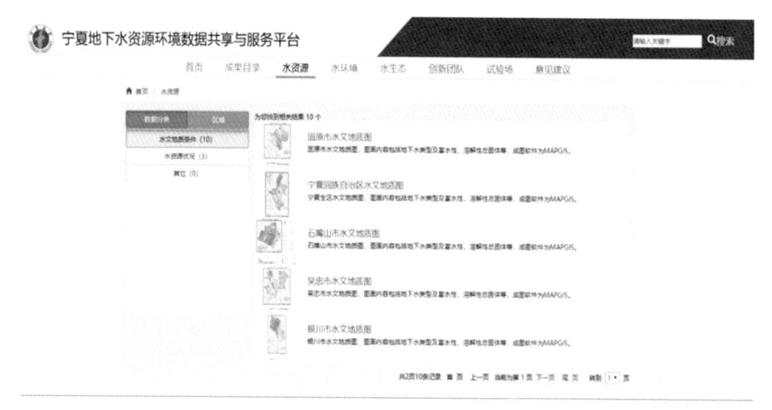

图 5-51　水资源成果展示界面

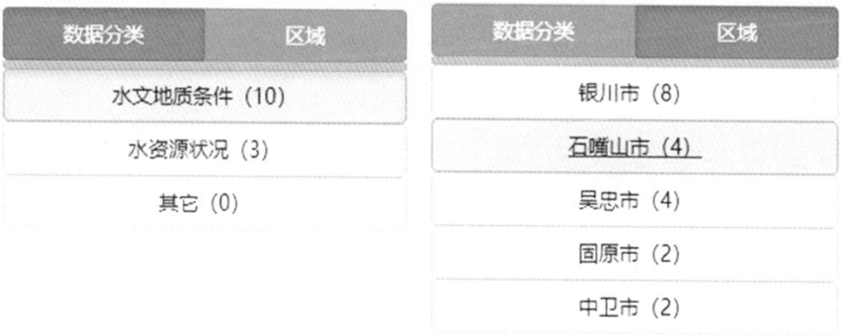

数据分类
区域
水文地质条件（10）
水资源状况（3）
其它（0）
数据分类
区域
银川市（8）
石嘴山市（4）
吴忠市（4）
固原市（2）
中卫市（2）

图 5-52　数据分类统计显示

列表中直观显示图名及图片的基本成图信息，点击图名可查看图片详细信息，查看内容包括图名、项目名称、图片格式、地图比例尺、制图时间等。

如需查看大图原图，则直接点击列表中的图片即可进行查看，并可以通过下方操作按钮进行放大、缩小、1:1 比例显示、移动、旋转等操作（图 5-53）。

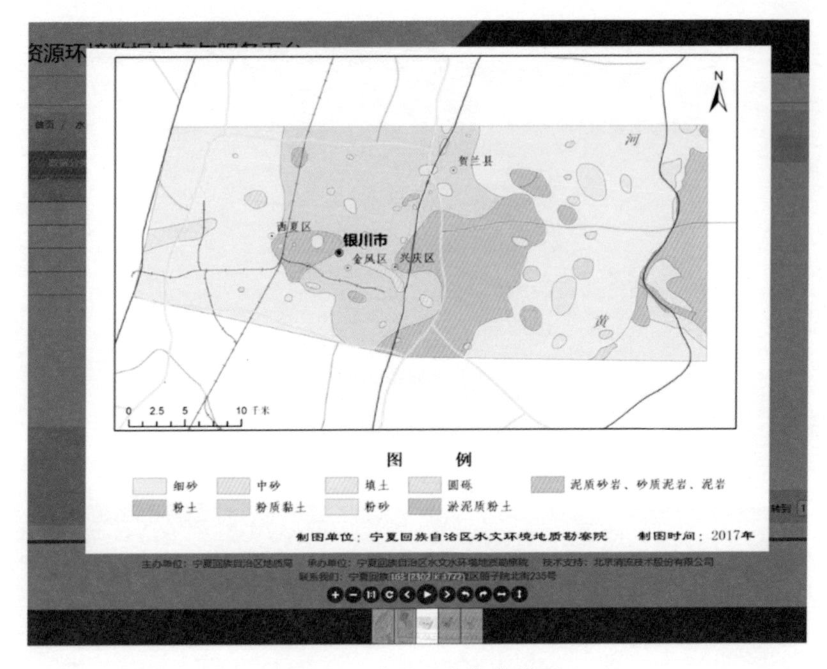

图 5–53 成果图件查看界面

5.5.4 水环境

水环境模块主要功能操作与水资源模块相同，其中水环境数据分类包括水化学、水环境及其他三个分类，也可通过行政区划进行分类展示（图 5–54）。

5.5.5 水生态

水生态模块主要功能操作与水资源模块相同，其中数据分类包括生态地质、综合评价及其他三个分类，也可通过行政区划进行分类展示（图 5–55）。

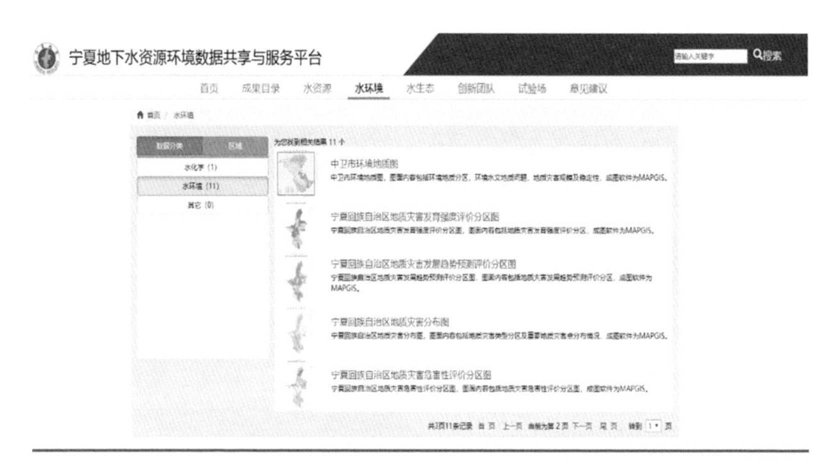

图 5–54　水环境成果展示界面

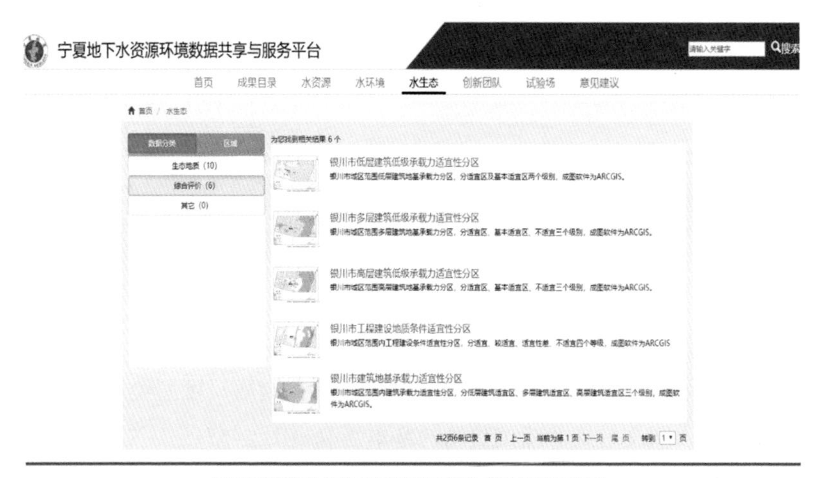

图 5–55　水生态成果展示界面

5.5.6 创新团队

创新团队模块主要放置宁夏水文地质环境地质勘察创新团队基本信息、成果简介及已发表专著情况，后续根据项目推进情况会对放置内容持续更新（图 5–56）。

通过点击左侧团队简介、主要成果、出版专著，可在右侧详情界面显示出内容详情。

其中，出版专著模块点击专著缩略图即可进行放大显示，同样，可通过下方操作按钮进行放大、缩小、1:1 比例显示、移动、旋转等操作。

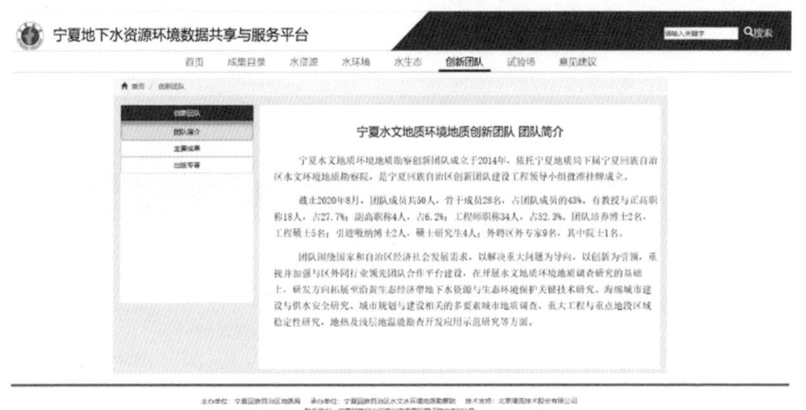

图 5–56 创新团队展示界面

5.5.7 试验场

试验场模块主要包含场地尺度原位试验和剖面尺度原位试验，详情内容为以图文形式介绍试验场的基本情况（图 5–57）。

通过左侧列表点击相应模块，即可在右边查看内容详情，了解具体情况。

5.5.8 意见建议

该模块主要包括两部分内容，意见建议与联系我们。

（1）意见建议：主要展示水工环领域相关问答，用户可在该页面点击“我要提问”进行提问，专业人员会根据问题内容在后台进行适当解答（图 5-58，图 5-59）。

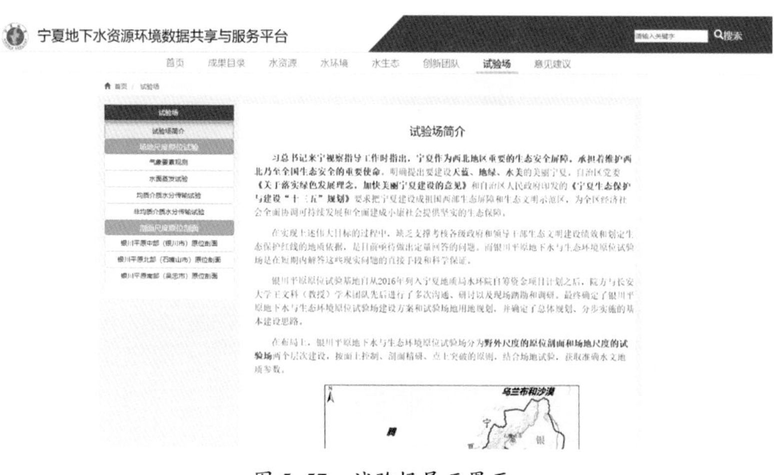

图 5-57　试验场展示界面

意见建议

*姓 名：

电 话：

电子邮箱：

单 位：

地 址：

*内 容：

提交

图 5-58　意见建议提交窗口

图 5-59　完成解答后界面展示

(2) 联系我们：该模块放置本平台技术支持团队的联系地址及联系电话（图 5-60）。

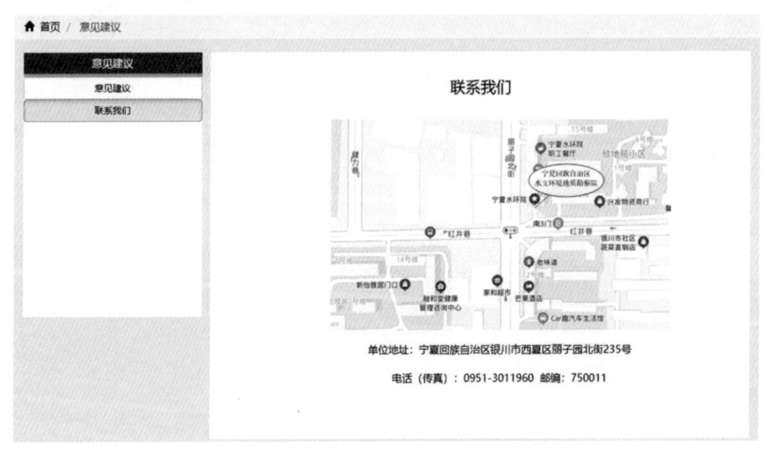

图 5-60　联系我们界面展示

第6章 结 论

宁夏地下水资源环境信息系统是首个针对宁夏地区地下水资源环境进行开发的专业系统，系统内不仅集成了包括钻孔、水质、水位等大量基础数据，还在这些数据的基础上，通过系统各个模块直接实现包括水资源评价、地下水防污性能评价、水位趋势分析、水质评价、动态分析等多项评价分析功能，是宁夏地下水资源环境信息化建设道路上的一个重大突破。

项目主要完成成果如下：

1. 建立了宁夏最全的水文地质钻孔空间数据库。

基本实现了宁夏水文地质钻孔信息全区范围覆盖，所有钻孔均集成录入了其位置信息、岩性信息、水文地质参数等，并根据经纬度给每个钻孔都赋予了统一编号，以统一编号与水质数据、水位数据、水文地质试验等进行连接，实现“图上一点，信息全有”，极大地方便了专业技术人员对于信息查询的需要。

2. 建立了全区水文地质、地下水资源分区、地貌、环境地质、工程地质空间图形数据库。

在本系统的建设过程中，针对区域性的常用图件，包括宁夏水文地质图、地下水资源分区图、地貌图、环境地质图及工程地质图均在ArcGIS 平台上进行了矢量化并赋予相关属性，实现了地下水资源分区、富水性、地下水类型、环境地质分区、岩土体类型等专业要素的GIS 查询功能。同时根据规范及行业习惯，根据所有要素的样式制作了专门的 ArcGIS 样式库，并可将所有图件打包成图包数据供专业技术人员使用，可直接运用出图，一方面保证所有图件的统一美观性，一方面极大地省去了制图出图这部分繁杂的工作量，达到了快速出图的目的。

3. 建立宁夏地下水水源地数据库，实现水源地相关资料的查询整合功能。

将全区 56 个地下水水源地信息进行整理，录入水源地编码、名称、使用状态、级别、勘探年限、批复、允许开采量及水源地开采层位信息，并直接将所有属性信息挂接到空间图形上。通过系统功能模块，可针对水源地方便快捷地进行查询统计，保证对水源地区域内水质、水位等信息能够及时掌握并做出评价。

4. 以地下水环境复杂、资源丰富的银川平原为基准，通过均衡分析法，实现具有宁夏特色的平原地区地下水资源量的自动评价功能。

本次系统建设将地下水资源评价常用的均衡分析嵌套进入系统后台，并已录入包括土地利用类型、种植结构、地下水含水层岩性、沟渠分布等多个图层数据，同时根据前人研究资料提供了默认的水文地质参数经验值，通过这些数据，系统可以根据不同时间的地下水位等值线图快速计算出该时间的地下水资源量。另外，系统也为用户提供了可以自己修改各项参数的窗口，方便技术人员在计算的时候根据实际情况对需要调整的参数及图层进行修改，以达到更准确的评价结果。

5. 采用 DRASTIC 方法原理，开发了地下水防污性能评价模块，通过系统可完成运用不同年份的防污性能评价分区结果进行对比分析的需求。

DRASTIC 地下水防污性能评价方法已经在业界应用许久，本次系统将该算法嵌套入后台，用户在系统中可直接上传相应数据进行评价，省去了用户自己调整参数、设置分析的繁杂工作量，将所有的分析评价以全部自动化的方式在系统内自主完成。在此基础上，本系统还可以将两个年份的成果数据进行分析对比，直观查看变化情况及变化趋势，极大地提升了技术人员的工作效率，丰富了成果的展示方式。

6. 开发了“宁夏地下水资源环境数据共享与服务平台”，也是宁夏首个通过网页可访问查询多年来宁夏水文地质工作成果的服务平台。

为进一步提升地质行业的服务力，使水工环地质成果能够快速服务于政府及相关部门，本次开发的“宁夏地下水资源环境数据共享与服务平台”将围绕宁夏水资源、水环境、水生态等相关内容，通过地质专网平台让相关部门能够直观、快速地获得所关注的水资源相关信息，平台对地下水资源、地下水环境、地下水生态三大方面进行集成，直观展示地下水资源分布情况、地下水环境研究成果以及地下水与生态之间相辅相成的关联模式，真正达到将专业成果通过信息化形式对社会服务的目的。

7. 建设了超融合私有云平台，平台内整合 GIS 平台云管理软件、虚拟化计算、软件定义存储、软件定义网络、网络安全、数据备份功能。

超融合私有云平台具有高性能、低成本、可平滑扩展等优势，可充分利用服务器资源（CPU、内存、总线等）和分布式存储（SSD、

HDD 等）资源，整合建立一套整体的私有云架构体系，实现了资源的按需分配。安全方面，通过对终端设备的 USB 接口进行管理，未经授权的设备被禁止访问超融合，确保了服务器中数据的安全，保证敏感数据的可控性。计算存储都在机房的服务器中，不会因为客户端的损害而导致数据的丢失。资料传输方面，支持多种云主机交付方式，可满足不同部门和人员业务需求。支持云主机快速批量交付、系统资源硬件配置修改和资源回收，有效提高管理效率。性能方面 CPU 云的计算存储在云端，专业技术人员的桌面只有显示设备。客户端故障后，支持快速更换，保障了生产工作的连续性。能比传统的虚拟桌面提升更多的性能，获得工作站的计算能力，有效提高生产力。

参考文献

[1] Aller L, Bennett T, Lehr H, et al. 1987. DRASTIC :A standardized system for e-valuating ground water pollution potential using hydrogeologic settings. National Water Well Association. U. S. Environmental Protection Agency. ADA, Oklahoma. 35-66.

[2] Chen J, Huang Q, Lin Y, et al. Hydrogeochemical Characteristics and Quality Assessment of Groundwater in an Irrigated Region, Northwest China. Water[J], 2019, 11(1):96.

[3] Gibbs R J. Mechanisms controlling world water chemistry[J]. Science, 1970, 170: 1088-1090.

[4] Huang Y F, Zhou Z Y, Yuan X Y, et al. Spatial variability of soil organic matter content in an arid desert area. Acta Ecologica Sinica[J]. 2022, 22(12):2041-2047.

[5] Somasundaram MV, Ravindran G, Tellam JH. Ground-Water Pollution of the Madras Urban Aquifer, India. Ground Water, 1993, 31(1):4-11. doi:10.1111/j.1745-6584.1993.tb00821.x.

[6] YANG Yan, WEI Wei-wei, LI Ding-long, et al. Study on the groundwater pollution in Changzhou urban area[J]. Groundwater, 2012, 34(1):77-79.

[7] 陈静. 基于GIS的灌区水资源管理信息系统研发. 西北农林科技大学. 2008.

[8] 丛方杰,王国利,肖传成,等. 基于GIS组件技术的地下水资源管理信息系统的研究与开发[J]. 水文,2006,26(4):60-63.

[9] 黄勇, 胡丽琴. 结合GIS技术的傍河型水源地基础信息管理 计算机工程与设计,2011,32(6).

[10] 刘明柱,陈艳丽,胡丽琴,等. 地下水资源评价模型与GIS的集成及其应用研究. 地学前缘,2005,4(12):127-131.

[11] 单良,左海军. 基于DRASTIC模型的下辽河平原地下水环境脆弱性评价体系[J]. 辽宁师范大学学报(自然科学版),2006,29(2):241—244.

[12] 苏建云,黄耀裔,李扬巧. 基于WebGIS的地下水信息系统的设计与实现——以泉州市为例[J]. 廊坊师范学院学报(自然科学版),2018,18(4):31-33,42.

[13] 苏建云,黄耀裔,杨琳珩. 基于WebGIS的旅游信息系统设计——以泉州为例[J]. 廊坊师范学院学报(自然科学版),2015,15(4):31-34.

[14] 王枫. 银川平原地下水动态特征及地下水年龄分布特征研究[D]. 北京:中国地质大学(北京),2017.

[15] 王艳丽,尹柯,张连堂. 基于ArcGISServer的地图缓存技术研究[J]. 河南大学学报(自然科学版),2009,39(6):637-640.

[16] 武强,邹德禹,董东林,等. 水资源开发管理的地理信息系统(GIS)[J]. 中国矿业大学学报,1998,28(1).

[17] 袁建平,方正,王晖. 地理信息系统在城市水资源管理中的应用[J]. 中国给水排水,2005,21(11),23-25.

[18] 于艳青. 基于同位素技术的银川平原地下水补给及更新性研究 [D]. 北京:中国地质大学,2005.

[19] 周惠成,王国利. 基于DRASTIC模糊含水层易污染性模糊综合评价[J].

大连理工大学学报. 2001(3):212-215.

[20] 周惠康,刘金韬,王晓林. 宁夏沿黄经济区生态地质环境质量评价[J]. 安全与环境工程,2014,21(6):108-111,117.

[21] 朱少霞,诸云强,孙颖. 基于GIS的地下水空间分析系统的设计[J]. 首都师范大学学报(自然科学版),2005,26(1):108-111.

[22] 张伟红,赵勇胜,邸志强,等. 基于ArcGIS Engine的地下水资源及其地质环境信息系统设计与实现[J]. 吉林大学学报(地球科学版),2006,36(4):574-577.